U0155790

爱健康 | 爱生活　凤凰含章
Phoenix-HanZhang

怀孕280天
这样吃就对了

生活新实用编辑部　编著

江苏凤凰科学技术出版社·南京

图书在版编目（CIP）数据

怀孕280天这样吃就对了 / 生活新实用编辑部编著
. —南京：江苏凤凰科学技术出版社，2024.2
（含章. 食在好健康系列）
ISBN 978-7-5713-3717-9

Ⅰ.①怀…　Ⅱ.①生…　Ⅲ.①孕妇 – 妇幼保健 – 食谱
Ⅳ.①TS972.164

中国国家版本馆CIP数据核字（2023）第159174号

含章·食在好健康系列

怀孕 280 天这样吃就对了

编　　　著	生活新实用编辑部	
责 任 编 辑	汤景清	
责 任 校 对	仲　敏	
责 任 监 制	方　晨	

出 版 发 行	江苏凤凰科学技术出版社
出版社地址	南京市湖南路 1 号 A 楼，邮编：210009
出版社网址	http://www.pspress.cn
印　　　刷	天津丰富彩艺印刷有限公司

开　　　本	718 mm×1 000 mm　1/16
印　　　张	14
插　　　页	4
字　　　数	320 000
版　　　次	2024年2月第1版
印　　　次	2024年2月第1次印刷

标 准 书 号	ISBN 978-7-5713-3717-9
定　　　价	56.00元

图书如有印装质量问题，可随时向我社印务部调换。

掌握孕期饮食的关键

一人吃不等于两人补

平安生下健康的宝宝，是所有孕妇的心愿。怀孕期间，大多数孕妇都很关心"吃"的问题，然而关心归关心，拥有正确"吃"观念的人却不多。

许多孕妇都存在"一人吃，两人补"的观念误区，以为怀孕的时候一定要多吃点，才能提供给宝宝足够的营养，其实不然。

怀孕时，身体的新陈代谢会变得更有效率，可以满足母体和胎儿的需要。除了孕早期可能出现"害喜"情况，孕妇的胃口通常会变得比较好，因此并不需要刻意增加饮食。

吃得多不如吃得好

因为孕妇的生理变化和胎儿发育重点的不同，孕期不同阶段的营养需求也有所不同。

妊娠第一期（怀孕15周以前）：应该多吃叶酸含量较高的食物，如深色蔬菜、肉类、蛋、牛奶、海鲜等，能帮助胎儿神经系统正常发育。如果孕妇出现了孕吐，可采取少食多餐的形式，不必勉强自己一定要吃东西。

妊娠第二期（怀孕15~28周）：胎儿状态比较稳定，孕妇的胃口变好，营养摄取应质与量兼具，每天应增加热量的摄入，并且要注意铁质的摄入，以避免后期出现贫血。

妊娠第三期（怀孕28周以后）：多吃蔬菜、水果等富含膳食纤维的食物，预防便秘和痔疮。每天应多摄入30毫克铁，预防分娩时因失血而引起的贫血，并可供应胎儿储存从现在至出生后4个月大所需的铁。

控制体重，孕期轻松无负担

孕妇每日摄入均衡且充足的营养、维持适当的体重增加，是孕期饮食最重要的原则。

现代孕妇的营养问题是营养孕妇过剩，而不是营养不足。营养过剩会使体重增加太多太快，间接导致许多并发症，如妊娠毒血症、妊娠糖尿病、泌尿系统感染等，也会造成孕妇身体肥胖，产后难以恢复苗条身材。

因此，正确的饮食才是确保孕妇和胎儿健康的重要方法。

吃对营养，轻松安胎又养身

这本《怀孕280天这样吃就对了》，提供适合孕妇孕期各个阶段的营养食谱和饮食建议，除了有营养分析可作参考，还介绍了孕期生活中的保健常识，对孕妇来说是不可多得的工具书。

希望每位孕妇在此关键时期，都能吃对营养，孕育健康的下一代。

如何使用本书

怀孕是一个惊喜且难得的过程，不仅代表着新生命的诞生，而且意味着新的开始与希望。对女性来说，此阶段生理、心理各方面都将面临前所未有的挑战。本书体贴读者所需，不仅充分解答孕妇在怀孕期间的种种疑惑，帮助孕妇轻松改善怀孕期间的不适，还具体提出孕期三个阶段的食补重点，让孕妇吃对营养，并维持理想体重，健康怀孕280天。

❶ 孕期饮食重点
　　提供三大孕期阶段的饮食建议，包括食补重点、营养需求、推荐食材。

❷ 妊娠第一期要吃些什么?
　　分析孕期各个阶段的饮食关键，提出此阶段必须摄取的营养成分，并罗列富含该营养成分的食材。

❸ 为什么要这样吃?
　　说明营养成分对胎儿发育和母体的功效，以及能改善的孕期症状。

妊娠第一期

早餐吃得好，午餐吃得饱，晚餐吃得少

食补重点
❶
- 早餐：以肉类和动物内脏类等富含蛋白质的食物为主。
- 午餐：多吃低脂、高蛋白食物，如海鲜类，并搭配蔬菜、水果。
- 晚餐：以清淡食物为主，避免进食大鱼大肉。

营养需求
怀孕初期需要补充适量的营养成分，尤其要多食用富含动物性蛋白质、锌、铁、叶酸的食物。

推荐食材
紫菜、海带、黄豆、西红柿、芝麻、绿叶蔬菜

❷ **妊娠第一期要吃些什么?**

1 富含动物性蛋白质的食物：猪肉、牛肉、鸡肉、鱼肉、羊肉等。

2 富含锌的食物：牛奶、豆类、小麦胚芽、牡蛎、虾、紫菜、蛋黄、南瓜子等。

3 富含铁的食物：瘦肉（红肉）、猪肝、猪血、贝类、黄豆、红豆、紫菜、海带、木耳、芝麻、坚果类、绿叶蔬菜等。

4 富含叶酸的食物：动物内脏，啤酒酵母，豆类（如扁豆、豌豆），绿色蔬菜（如芦笋、菠菜、西蓝花），柑橘类水果（如柳橙、橘子、柠檬、葡萄柚）等。

❸ **为什么要这样吃?**

1 动物性蛋白质可以提供胎儿生长、脑细胞发育，以及母体子宫、乳房发育所需的营养，同时也容易被人体消化吸收。

2 锌对于确保胎儿出生后的正常发育非常重要，锌的摄取量不足，可能会影响胎儿出生时的体重。

3 怀孕期间会消耗不少母体内的铁，一旦缺铁，除了可能导致孕妇贫血，严重时甚至会造成胎儿早产，或者胎儿体重较轻。

4 怀孕期间缺乏叶酸，孕妇可能会出现贫血、倦怠、晕眩等症状，严重时甚至导致流产、早产，或者胎儿神经管缺损等情况。

28

1

④ 中医调理原则

1 饮食宜清淡，精致且熟易烂，此时适合清热、滋补，而不适合温补，否则容易导致胎动、胎热，严重时甚至会导致流产。

2 怀孕初期，适合吃酸味的食物，如酸梅、酸味的姜汤等，不宜吃辛辣、燥热的食物，以防上口干舌燥、排便不顺畅。

3 不宜盲目进补或自行补充营养剂，有些营养素、补品不宜在怀孕期间食用，倘若未经专业咨询便服用，反而会对母体造成不良的影响，服用营养补充剂，一定要在医师或营养师的指导下进行。

⑤ 孕期特征

1 怀孕初期的前3个月是胎儿发育的重要阶段，此时胎儿的五官、心脏及神经系统已开始发育。

2 怀孕初期的症状，包括月经停止、尿频、乳房有肿胀感、乳头颜色加深，以及经常有恶心、呕吐的情况。

⑥ 食疗目的

1 帮助胎儿健康发育。

2 避免孕妇怀孕初期因为缺锌而感到倦怠，或者出现早产的情况。

3 预防孕妇出现贫血的现象，同时促进胎儿神经系统的发育。

⑦ 营养师小叮咛

1 此阶段胚胎还小，孕妇的体重只增加1～2千克，此时所需要的营养成分并不多，维持正常的饮食，即可供应妊娠第一期所需的营养。

2 这个时期容易孕吐、反胃，孕妇起床后可先吃一些杂粮馒头或苏打饼干，然后再喝水，以避免孕吐。

3 少食多餐，并在两餐中间补充点心，可以使血糖稳定，并帮助摄取足够的营养。

4 咖啡、浓茶或含糖饮料应尽量避免，冰品也容易引起不适，此外，务必远离烟、酒。

5 多补充水分，避免食用韭菜、不新鲜的海鲜或没有煮熟的肉类等。

⑧ 营养需求表

一般怀孕女性每日营养成分建议摄取量（中国居民膳食营养成分参考摄入量）

营养成分	每日建议摄取量
蛋白质	[体重（千克）×（1～1.2）] 克
锌	12毫克+3毫克
铁	15毫克
叶酸	0.4毫克+0.2毫克

29

---

④ 中医调理原则

说明使用中药补养、食疗调理需注意和掌握的重点。

⑤ 孕期特征

说明此阶段的胎儿发育重点及母体孕期表现。

⑥ 食疗目的

说明此阶段营养成分摄取的目的，能预防和改善的症状。

⑦ 营养师小叮咛

营养师专业分析并提出此阶段的食疗重点、注意事项和需避免的食物种类。

⑧ 营养需求表

罗列一般怀孕女性每天每种营养成分建议摄取量，以供参考。

⑨ 食谱类型

食谱分为营养主食、元气料理、高纤蔬食、养生汤品、滋补药膳、点心甜品、养生饮品七大类，方便孕期灵活搭配。

⑩ 主要食疗功效

提出该食谱具有的食疗作用。

⑪ 滋补保健功效

分析食谱中食材的营养价值、保健功效和滋补效果。

---

⑨ 营养主食

排骨糙米饭

⑩ 提振食欲+增强免疫力

材料：
小排骨200克，糙米240克，姜1根，枸杞子、水、开菜叶各适量

调味料：
盐、酱油、香油、白胡椒粉各少许

做法：
1 除水分的材料洗净，糙米用水浸泡4小时，姜切段备用。
2 小排骨切块，家烫后用水冲净。
3 将小排骨块、姜段与糙米、枸杞子和水放入电饭锅中，并加调味料，煮至开关跳起，盛碗后撒上开菜叶装饰即可。

⑪ 滋补保健功效
糙米含有丰富维生素，维生素E和钙，可补充孕妇所需的营养，促进血液循环，并提高免疫力；排骨能提供能量，增进孕妇食欲。

海带糙米饭

强健骨骼+预防便秘

材料：
糙米2碗，海带50克，新鲜杞果青60克，水适量

调味料：
盐1/6小匙，白糖1/2小匙

做法：
1 海带切丝，入沸水汆烫至熟；杞果青切片备用。
2 海带丝、杞果青片与调味料拌匀，腌10分钟。
3 糙米饭盛碗，放上步骤2的材料即可。

滋补保健功效
糙米含有B族维生素、维生素E、维生素K和钙等能强健骨骼；维生素E具有抗氧化力；维生素K能强健骨骼；膳食纤维能促进肠胃蠕动，预防便秘。

31

备注：1杯（固体）≈250克　1大匙（固体）≈15克　1小匙（固体）≈5克
　　　1杯（液体）≈250毫升　1大匙（液体）≈15毫升　1小匙（液体）≈5毫升

目 录

引 言 解答孕妇的疑惑

第一章　幸福孕期的保健法

第二章　怀孕三阶段，这样吃最健康

3

孕期对症食疗 → 孕吐

♥ 孕吐

这是孕妇怀孕初期特有的症状，是因为母体无法适应体内激素等的变化而发生的反应，孕妇除了感到恶心，严重时还会伴随呕吐的症状。

缓解小秘诀

❶ 养成少食多餐的饮食习惯：因为通常肚子饿和吃太饱时都会比较想吐。如果吃了某些食物（如蛋白质）就想吐，建议暂时避免食用这些食物。

❷ 勿错过任何用餐时间：避免因为空腹造成血糖降低，而引起恶心、呕吐。如果真的吃什么都想吐，也不必勉强进食。

❸ 适量补充维生素B₆：维生素B₆可减轻孕吐症状。

❹ 补充水分或运动饮料：多喝水可避免身体脱水，并能促进新陈代谢，降低血液中激素的水平。饮用水中可添加少许盐，以预防孕吐引起的低钠现象。此外，运动饮料也是不错的选择。

❺ 多休息，缓解情绪：尝试做些自己感兴趣的事，保持心情愉快，可以减轻孕吐的症状。

❻ 避免食用味重、油腻、辛辣、刺激性的食物：虽然每位孕妇对食物的气味有不同反应，但任何可能引起呕吐的食物，都应避免接触。

❼ 避免过量食用蜜饯类的食物：虽然酸梅、话梅普遍为孕妇最常用来缓解孕吐的食物，但因生产蜜饯时常添加许多食品添加剂，建议避免过量食用。

对症营养成分

维生素B₆、锌。

对症食材

酸梅、乌梅、陈皮、紫苏、姜片、小麦胚芽、动物内脏、核桃、蛋黄、黄豆、谷类、香蕉、花生、瘦肉、鱼类、萝卜、大白菜等。

食谱建议

鲜味鸡汤面线（第34页）、开洋白菜（第53页）、奶酪焗烤土豆（第63页）、酥炸梅肉香菇（第67页）、菠菜猪肝汤（第74页）、当归牛肉汤（第77页）、姜汁炖鲜奶（第83页）、紫苏青橘茶（第87页）。

孕期对症食疗 → 腹部胀痛、腿抽筋

子宫压迫是引发不适的主因

 腹部胀痛

因为孕妇体内激素水平的变化，怀孕初期下腹部常会胀痛，这是正常现象。怀孕中、后期腹部胀痛，甚至出现胃酸倒流、呕吐，则是因为子宫变大压迫到胃。

缓解小秘诀

怀孕初期腹部胀痛是正常现象，不需做任何处理。怀孕后期如果出现反胃或胃酸反流，宜采取少食多餐的进食原则，进食速度不宜过快，并经常保持愉悦的心情，将有助于缓解孕期不适。

对症营养成分

B族维生素，钙、铁等矿物质。

对症食材

深绿色或深黄色蔬菜、水果等。

食谱建议

豌豆香爆墨鱼（第44页）、酥炸牡蛎（第47页）、芥蓝牛肉（第48页）、蘑菇烧牛肉（第49页）、虾酱菠菜（第57页）、蒜香龙须菜（第58页）、四季豆烩油豆腐（第65页）、银鱼紫菜羹（第69页）、蜜桃奶酪（第84页）。

 腿抽筋

怀孕时出现抽筋症状，多因缺钙或子宫压迫下肢导致血液循环不良，常见小腿部位肌肉发生持续性收缩痉挛的症状。

缓解小秘诀

❶ 适时补充钙片，适度运动。

❷ 避免长时间站立或维持同一种姿势：防止因为血液循环不佳而抽筋。

对症营养成分

维生素B_6，钙、镁等矿物质。

对症食材

芝麻、豆类、核桃、杏仁、松子仁、瓜子、牛奶、奶酪、小鱼干、绿色蔬菜等。

食谱建议

养生红薯糙米饭（第93页）、菠菜炒蛋（第116页）、黑芝麻拌枸杞子（第143页）、核桃酸奶沙拉（第144页）、奶油焗白菜（第190页）。

孕期对症食疗 → 便秘、腰酸背痛

规律的运动有助于减轻症状

 便秘

体内激素水平的改变加上子宫压迫肠道，是造成孕妇便秘的原因，随着怀孕后期子宫增大，便秘情况会逐渐严重。

怀孕前就有习惯性便秘的女性，怀孕后便秘情况会进一步加重。

缓解小秘诀

❶ 改变饮食习惯：多喝水，多吃蔬果等高纤食物。

❷ 养成规律的运动习惯：有助于胃肠蠕动。

对症营养成分

膳食纤维、B族维生素、钾等。

对症食材

全麦面包、芹菜、胡萝卜、香蕉、酸奶、蜂蜜、黑芝麻等。

食谱建议

黑芝麻糯米粥（第95页）、黑豆燕麦馒头（第100页）、菠萝甜椒鸡（第113页）、核桃香炒圆白菜（第120页）、京酱茄子（第122页）、什锦紫菜羹（第129页）、玉米芝麻糊（第140页）、金薯凉糕（第142页）。

❤ 腰酸背痛

随着胎儿逐渐成长，孕妇的腰部、背部、臀部承受的压力日渐增加，尤其是站立时重心会向前移，不适症状会更加明显。

缓解小秘诀

❶ 养成定时、定量的产前运动习惯：避免过于操劳，并减少手提重物。

❷ 借由托腹带支撑肚子：以缓解不适症状。

对症营养成分

维生素C，钙、镁、铜、锰等矿物质。

对症食材

牛奶、小鱼干、黑芝麻、黑木耳、紫菜、豆类等。

食谱建议

炒坚果小鱼干（第101页）、高纤蔬菜牛奶锅（第115页）、清炒黑木耳银芽（第124页）、首乌红枣鸡（第138页）、黑芝麻山药蜜（第139页）、枸杞子明目茶（第148页）、高纤养生饭（第155页）、滋补腰花饭（第157页）。

孕期对症食疗 → 水肿、贫血

多摄入维生素C、维生素E、蛋白质、叶酸，可有效改善水肿和贫血

💜 水肿

因为怀孕时子宫逐渐增大，阻碍下肢血液循环而引起水肿，除了常见的脚部水肿，还会出现下肢静脉曲张的情况。

缓解小秘诀

❶ 饮食均衡充足：尤其不要吃太咸，同时适度补充蛋白质。

❷ 多休息、多找机会把腿抬高：避免久站，以减轻水肿现象。

对症营养成分

蛋白质、叶酸，以及维生素C、维生素E等。

对症食材

深绿色蔬菜、豆类，以及冬瓜、丝瓜、猕猴桃、番石榴等。

食谱建议

丝瓜炒蛤蜊（第46页）、黑豆鸡汤（第113页）、炒嫩莜麦菜（第118页）、红枣茯苓粥（第158页）、冬瓜烩排骨（第171页）、姜丝炒冬瓜（第185页）、红豆白菜汤（第194页）、枸杞子红豆汤圆（第206页）、焗烤香蕉奶酪卷（第207页）。

💜 贫血

怀孕期间经常感到头晕、疲劳，则可能是贫血。贫血严重时，不仅孕妇体内氧气供应不足，甚至会影响胎儿发育。

缓解小秘诀

多吃富含铁的食物，如动物内脏、牡蛎、贝类等，另外，深绿色蔬菜、樱桃、葡萄等也能预防贫血。

对症营养成分

维生素B_{12}、维生素C、维生素E和蛋白质、叶酸、铁等。

对症食材

红肉、鸡蛋、奶酪、深绿色蔬菜等。

食谱建议

什锦圆白菜饭（第157页）、干贝芦笋（第165页）、香煎牛肝酱（第170页）、羊小排佐薄荷酱（第172页）、滑蛋牛肉（第174页）、红烧蘑菇香鸡（第176页）、四季豆炒鲜笋（第182页）、奶油草菇炖西蓝花（第184页）。

引言　解答孕妇的疑惑

怀孕前需要做哪些准备工作？

健康的身体、完善的心理建设，是迎接宝宝的首要条件

维持身体最佳健康状态

女性应在体能状态最好的情况下备孕，以免影响胎儿健康。怀孕前应进行全身健康检查，如果有重大疾病，应该先请教妇产科医师。

X射线、CT等检查，应安排在经期过后立即进行，以确定是否怀孕。若本身没有风疹抗体的女性，建议先接种风疹疫苗，一个月后再备孕。

戒烟酒，谨慎服用药物

怀孕前，夫妻都应该戒烟酒，戒除滥用药物等不良习惯，以免影响胚胎质量，造成胎儿发育迟缓或先天性畸形。

在怀孕期间或有怀孕可能时，应与医师充分讨论后再决定是否服用药物，一般市售的成药也不宜自行服用。

饮食均衡，体重控制得宜

怀孕前应培养均衡、健康的饮食习惯，而且最好在怀孕前三个月开始补充叶酸。

如能从均衡的饮食中补充叶酸，是最佳的，若平素多为外食，可直接服用叶酸，并注意维持适当的体重；若本身已经过重或肥胖，则应先控制体重，切勿服用减肥药，以免影响胎儿健康。

遗传、疾病照护咨询

若女性年龄已超过34岁，或者有家族遗传性疾病，应考虑进行遗传咨询，以确保胎儿健康。

本身有重大疾病者，宜先治疗或控制好病情再怀孕。自身的病史应详细告诉医师，以便医师进行评估，并制订孕期照护计划。有家族遗传性疾病者更需请医师仔细评估。

怀孕前健康检查的重点

1. 宫颈刮片。
2. 乳房检查。
3. 牙科诊疗。
4. 风疹抗体。
5. 遗传咨询（年龄超过34岁的女性，需增加此项检查）。

怀孕初期会有哪些不适症状？

甜蜜又苦恼的身体不适——孕吐，乳房胀痛，尿频，疲倦、嗜睡

孕吐

约从怀孕第6周开始，有些女性会有恶心、呕吐的感觉，见不得油腻的食物，口味也会改变，有些人会特别喜欢吃酸的食物；有些人平常不爱吃甜食，突然变得喜欢吃甜食。

轻微孕吐并不会影响胎儿发育，但若症状过于严重，就有可能引起脱水、电解质紊乱，仍需留意。

乳房胀痛

怀孕后雌激素水平升高，会刺激乳腺的发育，乳房开始出现一些变化，如常感到胀痛、乳晕颜色变深等，这表示乳房开始为分泌乳汁做准备。

乳房胀痛是孕期正常现象，一方面是雌激素分泌增加，另一方面是开始分泌乳汁。在怀孕后期，甚至是在哺乳期，症状会更严重。

孕妇不必紧张，也不需要做特别的处理。可选择宽松的内衣，减轻乳房外部的压迫。

尿频

怀孕后子宫开始变大，会压迫到膀胱，让孕妇总有想排尿的感觉，这是正常现象。

但如果感到小便灼热、局部有刺痛感，有可能是膀胱炎或泌尿系统感染，应尽早赴医院检查。

疲倦、嗜睡

孕妇经常有疲倦、睡不醒的感觉，中午更需要小睡补眠。浑身疲倦，整天昏昏欲睡，提不起精神，就连平时最喜欢做的事情，似乎也缺乏兴趣。

严重孕吐可以吃药吗？

严重孕吐，是不少孕妇在怀孕初期遇到的困扰之一。孕吐并不会对胎儿造成不良影响，但若症状过于严重，还是可能引起脱水、电解质紊乱等情况，仍需留意。

建议食欲不佳的孕妇，可趁晚上孕吐症状较轻时，适量进食，补充所需的营养。

治疗孕吐的药物，如胃药、维生素B_6、止吐药，都在用药安全级数范围内。若孕吐情况严重影响营养摄取及自身健康，不妨考虑适量服药，不过用药前请先咨询医师。

怀孕期间怎么吃才正确？

摄取均衡、充足的营养，兼顾卫生，远离过敏原

怀孕后，孕妇的饮食不仅供应母体所需，还需提供胎儿成长所需。因此均衡和充足的营养摄取非常重要，且需兼顾卫生，远离过敏原。

孕妇若不偏食且用餐习惯良好，胎儿也会受到好的影响，日后会有较好的饮食习惯。因此，建议从小地方着手，既能顾及母体和胎儿的健康，又能做好胎教工作。

孕妇的饮食原则

❶ 定时用餐

三餐定时摄取，三餐之间可以吃些点心补充能量，也有益于营养均衡。

❷ 定量用餐

用餐时分量要适量，不宜一餐不吃，另一餐又暴饮暴食。倘若增加用餐的次数，则可减少每餐的分量，以减少血糖变化的幅度。

❸ 专心用餐

专心用餐非常重要，保持愉悦的心情，对增进食欲也有帮助。

❹ 尽量摄取天然食物

天然食物新鲜又健康，避免食用过度加工的食物和口味重、调味料多的速食或零食。

❺ 食物多样化

不宜局限食物种类，应多尝试不同的食物，才能获得全面均衡的营养。

❻ 纠正不良饮食习惯

纠正偏食、暴饮暴食等不良饮食习惯，以提供母体和胎儿均衡的营养。

每天该如何摄取营养？

大部分孕妇都被"一人吃，两人补"的传统观念误导，觉得应该多吃一点儿才能供给胎儿充足的营养，结果常常造成体重增加太多、太快。

孕妇每天六大类食物建议摄取分量

图示	食物类别	摄取建议	图示	食物类别	摄取建议
	全谷根茎类	250～300克		蔬菜类	300～500克
	低脂乳品类	300～500毫升		水果类	200～400克
	肉鱼豆蛋类	200～250克		坚果类	10克

其实孕妇每天只需要增加约1256千焦热量。把握这个原则，即可简单评估每天摄取的营养是否足够。

素食孕妇该如何摄取营养？

建议素食孕妇以全谷根茎类为主食，蔬菜类以"五色菜"为主，同时添加一些坚果和富含维生素C的水果。

多食用奶类、奶制品，或者豆浆、豆腐等豆制品，以补充钙质；红苋菜、红凤菜、红薯叶、菠菜、川七、芥菜、油菜、茼蒿、芦笋、蒜苗等富含维生素A、B族维生素、铁的蔬菜，有助于补充素食者较易缺乏的B族维生素和铁。

一般蛋奶素食者可从蛋类或奶类食物中摄取造血的重要元素维生素B_{12}。全素者则必须额外补充维生素B_{12}，以免发生巨幼细胞性贫血。

何谓"五色菜"？

"五色菜"指红、绿、黄、白、黑五种颜色的蔬菜。中医认为，五色菜各与人体五脏相对应，青（绿）入肝，赤（红）入心，黄入脾，白入肺，黑入肾。

孕妇需要的好营养

营养成分	来源	缺乏时易出现的问题
钙	鱼类、豆类或豆制品、奶类或奶制品、燕麦、坚果、水果、绿色叶菜类蔬菜	孕妇缺乏钙时不会出现症状，但日后易罹患骨质疏松症 新生儿可能有先天性佝偻病（即软骨症）、O形腿，或者注意力不集中、学步缓慢等症状
锌	杏仁、豆浆、豆腐、全谷杂粮类食物	胎儿易出现生长迟滞、代谢障碍、性功能发育不完全、脑细胞数量减少等症状
铁	深色蔬菜、红肉、动物内脏、谷物、坚果、豆腐	孕妇可能出现贫血，间接影响胎儿发育，并且增加早产的概率
维生素B_{12}	肉类、乳制品	影响胎儿神经系统发育，或者导致巨幼细胞性贫血
维生素D	鸡蛋、奶酪，或者借由阳光中的紫外线协助合成	影响钙和磷的吸收
蛋白质	肉类、鱼类、牛奶、鸡蛋、豆类	胎儿可能出现发育迟缓、体重过轻等症状，甚至影响其智力发育

怀孕期间心情差，对胎儿有不良影响吗？

好胎教从好心情开始

情绪失控易抑郁

部分孕妇因为担心胎儿健康、自己身材走样、家庭问题，或者因为外在环境的压力，情绪容易失控、不稳定，甚至常感忧虑。

包括初产妇、高龄产妇，曾经有流产史、个性要求完美，或者工作压力大，甚至对生男生女期望过高的孕妇，都有可能在孕期变得多愁善感，容易沮丧，经常哭泣。

原本就有抑郁症的女性，怀孕后症状更易复发，而产后抑郁又比产前抑郁更易出现。

有些孕妇为了维护胎儿健康，坚持很多原则，限制太多，结果造成自己精神压力过大，反而对胎儿产生不良影响，不如适当放松一下。例如，当真的非常想吃冰激凌时，偶尔浅尝几口，并不会对胎儿造成任何伤害。

通过胎教让胎儿感受到爱

科技的进步，让人们知道胎儿在孕期已发展出触觉、味觉、听觉，对光有反应，甚至有做梦、记忆、思考的能力。在胎儿的小脑袋里，各项功能早已有条不紊地运作着，因此可以说胎教是有一定作用的。

所谓胎教，不仅是讲故事、播放古典音乐等让胎儿欣赏美的事物，更重要的是，孕妇要随时保持愉悦的心情，营造平静和谐的氛围，让胎儿感受到大家对他的爱。

做法很简单，就是保持心情愉快，可以和胎儿多说话，传达父母的爱，并且让他了解外面的世界有多么精彩；和胎儿建立沟通桥梁，有助于亲子关系的建立，不但可以改善孕妇的心情，而且更能孕育出健康快乐的宝宝。

三大方法改善孕期情绪低落

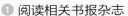 ❶ 阅读相关书报杂志　　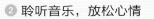 ❷ 聆听音乐，放松心情　　❸ 做自己喜欢做的事

怀孕期间可以有性生活吗？

除非有早产迹象，温和、舒缓的性行为不会对胎儿造成影响

在怀孕的三个阶段，孕妇对性爱的需求不同，准爸爸应尽量体贴孕妇，掌握正确的知识，孕妇也应试着理解丈夫的忧虑。一般的性行为并不会对胎儿造成影响，怀孕期间也能有美满的性生活。

怀孕初期

怀孕初期的孕妇，因为许多生理变化造成其深感不适，生活习惯改变很大，心理尚未完全适应，再加上担心影响胎儿健康，容易出现性欲减低的情况，丈夫应该多加体谅。

性行为过程中避免阴茎插入太深，不宜太过激烈，应保持动作轻柔，若有出血的现象，则应立即停止，并尽快就医。

怀孕中期

此时孕妇的心情较为轻松，性欲反而会较从前明显，此外，因受激素的影响，孕妇更易达到高潮。此时期，胎儿的发育和子宫的环境都更稳定，是孕妇最能接受性生活的阶段。

此阶段的性行为，仍不宜太过用力、插入过深，并应避免过于困难的姿势，以保持子宫的稳定，姿势以"骑乘位""面对面""侧交""后背位"为宜，尽量以轻松省力为原则。

怀孕后期

这个阶段的孕妇肚子大、行动慢，子宫容易收缩，腰部易酸痛，子宫受到刺激时易有不舒服的感觉，应该减少性行为次数。

虽然夫妻不方便性爱，但可以爱抚、拥抱、关心的言语等其他方式代替，一样能表达彼此的爱意。

若有性行为，则动作务必缓慢、轻柔，可调整姿势，以侧卧的"背对面"为宜，可避免压迫子宫。

此阶段是否有性行为，应该放宽心，轻松看待，虽然高潮所引起的子宫收缩并不会伤害胎儿，但有出血或子宫收缩等早产迹象时，应及时停止。

孕期性行为必须注意哪些症状？

怀孕中，虽不必刻意避开亲密接触，但若有以下症状，则应多加留意，或者咨询医师。
1 性行为时会感到不舒服或疼痛。
2 阴道有间歇性或持续性出血。
3 子宫收缩频繁。
4 性伴侣有性传染病。
5 有流产或早产的迹象。
6 子宫异常或子宫颈闭锁不全。
7 有严重的内科疾病。
8 身怀多胞胎。
9 曾早产或有其他妇科并发症。

怀孕期间适合做哪些运动？

适当的运动有助于分娩，还可改善腰酸等不适症状

运动有益孕期生活

传统观念认为，怀孕初期为避免动胎气，应该少运动，多休息。但其实只要没有流产的迹象，经过医师专业的评估，维持适当的运动，有益于孕妇健康及胎儿发育。

若孕妇在怀孕前就有规律的运动习惯，怀孕后应该继续保持；若原本没有运动习惯，怀孕后可尝试散步或做简单的伸展操，这样做既能保持身体的柔韧度，增加体力和耐力，有助于分娩，又能控制体重。只是运动需要适量，切勿过度，也不适合学习新的有氧运动，或者增加训练量，使身体的负担过重。

女性在怀孕后，身体状态会变得不同，怀孕前可以轻松做到且做得很好的动作，在怀孕后可能会因为体重增加、平衡感变差、身体变得臃肿而做不好，因此应谨慎选择运动项目。

适合孕妇的运动项目有哪些？

❶ **散步**：最温和的运动，最好一天能步行30分钟。

❷ **游泳**：水的浮力可以让孕妇完全放松，不易造成运动伤害。即使不会游泳，也可以在泳池中做些简单的伸展操，舒展筋骨。

❸ **伸展操**：使肌肉与筋骨变得柔韧，有助于分娩。近来流行孕妇瑜伽，也是很好的选择。

❹ **骑自行车**：骑普通自行车或骑健身专用的固定自行车，均是适合孕妇的运动。因怀孕时孕妇体重增加，且平衡感和重心改变，要注意不要摔倒。

❺ **专为孕妇设计的有氧舞蹈**：适度的有氧运动对孕妇有益，可以改善孕妇体能。但要避免做跳跃、有震荡性或突然改变方向之类的动作。

哪些情况下，孕妇需经由医师同意后才能运动？

❶ 曾经流产3次或3次以上。
❷ 子宫颈闭锁不全。
❸ 曾经早产或有早产迹象。
❹ 怀孕时有不正常的出血现象。

怀孕期间生病了可以吃药吗？

服药前咨询专科医师，详细告知状况

怀孕用药影响大吗？

怀孕前3个月是胎儿器官发育的时期，对外界因素最敏感，此时孕妇身体最好保持健康，才能孕育健康的宝宝。

此时用药最容易对胎儿产生影响。但是正确地使用药物，并不会影响胎儿；此外，影响的程度要依药物的种类、剂量、服用时间，以及胎儿对药物的敏感程度而有变化。

中药也有副作用吗？

可能造成孕妇子宫收缩、阴道出血的中药材应避免食用。

中药也可能会有副作用，因此服用前必须咨询中医师。在服用任何药品或补品前，都应先询问医师，确定对胎儿和自身的健康无不良影响后才可服用。

有怀孕计划的女性，应尽量避免吃药；而有疾病需服用药物者，应在准备怀孕前告知医师，以方便调整剂量，或者更换对胎儿较安全的药物。

孕妇用药分级观念

孕妇若是需要服用药物，务必告诉医师已经怀孕，医师可根据美国食品药品监督管理局的分类，做最安全的判断给药。

美国食品药品监督管理局制定的怀孕用药安全分级及定义

等级	危险性	怀孕用药安全说明
A	安全	有完整的人体实验，证实对人类没有导致畸形的危险性，为安全的药物
B	可能安全	动物实验证明对胎儿没有危害，但没有经过人体实验；或者动物实验证明对胎儿有影响，但人体实验证明没有影响
C	避免使用，必要时还是可以使用	动物实验证明对胎儿有不良影响，但对人体尚未有足够的研究报告；或者没有经过适当的动物及人体实验
D	避免使用，除非绝对必要	确定会对胎儿有不良影响；但孕妇如果非用不可，治疗效益必须超过已知风险时，才可以使用
X	确定有致畸胎性	动物或人体研究都显示对胎儿有不良影响，怀孕期间应完全禁用

注：A级药品多为维生素；B级药物虽无充分资料显示安全性，但若已上市多年，仍无有害报告，则大致都可信赖；C级药物必要时可以使用；D级和X级的药物则不可使用。

怀孕期间有哪些东西要忌口？

远离烟、酒、毒品，严格替孕妇及胎儿健康把关

烟、毒品：绝对禁止

吸烟的孕妇容易早产，还会使胎儿发育不良。烟草中所含的化学物质，会通过胎盘进入胎儿体内，影响其发育，造成胎儿畸形，或者胎死腹中。

此外，烟草中的尼古丁还会渗入产妇的乳汁，进而对婴儿造成伤害。另外，二手烟的危害同样惊人。

孕妇若药物成瘾，或者有吸毒情形，将可能导致胎儿生长迟缓，影响其智力发育，或者造成早产、流产，使婴儿猝死综合征的发病率升高。

酒：少量可以，但最好避免

一般菜肴添加的酒类没有关系。少量的红酒能促进血液循环，还可以帮助肠道吸收铁质。

但孕妇过量饮酒会引发胎儿酒精综合征，使胎儿出现生长迟缓、脸部发育异常、神经系统的异常等症状；且各类酒精性饮料多含有添加剂，可能影响胎儿大脑和神经系统的发育，甚至造成其智力低下、反应迟钝。

咖啡：不宜过量

咖啡含有咖啡因，会使人感到亢奋、焦躁，引起失眠，过量时还会引发头痛、晕眩和代谢异常等症状。

孕妇不必完全戒除咖啡，但是在怀孕前3个月，如果每天咖啡因摄取量超过300毫克（大约3杯美式咖啡），会增加流产的风险，怀孕中期以后则可能会影响胎儿发育。

香辣菜肴该忌口？

许多嗜食香辣菜肴的孕妇，常为妊娠中是否该忌口而感到困扰，有些人照吃不误，对身体似乎也无不良影响。但这并不表示香辣菜肴对每位孕妇都合适，因香辣菜肴口味重，盐、糖、酱油、味精等调味料放得较多，对于血压偏高或患有妊娠毒血症、妊娠糖尿病和下肢水肿的孕妇会产生不良影响。

倘若经常大量食用过咸、有一定刺激性的食物，可能造成水肿加剧或血压升高。因此是否该忌口，应视孕妇身体情况而定。

流产、早产有哪些前兆？

腹痛、阴道出血，子宫收缩或阵痛

流产的前兆：腹痛且阴道出血

孕妇在孕期突然出现腹痛，并有阴道出血的情形。小心！这是流产的前兆。

这种现象在怀孕12周以前称为"早期流产"，在12周以后称为"晚期流产"。造成早期流产的原因相当复杂，其中60%是胚胎染色体异常的自然淘汰，也是最常见的流产原因；晚期流产通常有点类似月经，会有子宫收缩、腹痛、阴道出血的情况，而且出血量比早期流产要多。

早产的前兆：子宫收缩或阵痛

孕妇在怀孕中期以后，如果子宫收缩频繁，甚至有阵痛、出血，即早产的预兆，务必赶快到医院就诊。倘若宫颈口还没有张开到3厘米，及时安胎还能补救，否则就很难挽回。

"前置胎盘"和"胎盘剥离"也会引发早产和出血。前者不会令人感到疼痛，但有时会有大量出血；后者则是腹部剧痛之后，阴道突然出血，必须立刻送医急救。

造成流产的原因

受精卵发育成胚胎后，在移向子宫着床的过程中，有时并未到达子宫，会在输卵管内着床，造成"宫外孕"。子宫内怀孕则有15%以上可能会流产，胚胎会随着出血排出体外。

据统计，流产的原因中，有一半以上是胚胎不好而被自然淘汰，自然流产对人体没有影响。

因此受精卵是否能成功着床，并非人为可控制。即使是试管婴儿，也常因将受精卵植入子宫时胚胎着床失败，而无法确保百分之百成功。

"宫外孕"有何征兆？

"宫外孕"指受精卵在子宫以外的地方着床，包括输卵管妊娠、卵巢妊娠、腹腔妊娠、子宫颈妊娠等多种情形，其中又以输卵管妊娠最常见。

常见征兆如下。

❶ 肚子痛：受精卵在子宫以外的地方着床发育，一旦发生破裂会大出血，导致肚子疼痛。

❷ 阴道出血：阴道会流出暗红色的血液，但不如月经量多。

❸ 晕倒、休克：受精卵着床处一旦破裂，可能导致腹腔内出血，严重时患者会因此休克和晕厥。

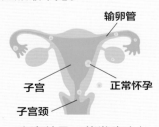

▲ 宫外孕可能发生之处

如何及早发现胎儿异常？

定期产检、观察胎动，评估胎儿健康状况

不可忽略的产前检查

怀孕期间，孕妇定期到医院进行产检，能预防或及早治疗许多并发症，以维护孕妇自身与胎儿的健康。

孕妇通过产检可掌握自身和胎儿的健康与发育情况。

胎动测量——掌握胎儿的身体状况

在16～18周，不甘寂寞的胎儿开始像水波一样，轻轻地在妈妈肚子里动，这就是"胎动"。

在20周以后，小家伙变得越来越活跃，经常翻来覆去、拳打脚踢，能给孕妇增添不少生活乐趣，也能使孕妇更深刻地感受到自己和胎儿的亲密联结。建议孕妇在怀孕24周后，每天早、中、晚测量胎动次数。

观察胎动是知晓胎儿身体状况最简易的方法，一般以2小时有10次以上的胎动为佳，但也时常因个人感受和身体状况而有不同。

为何胎动突然减少？

❶ 胎儿睡觉中

胎儿睡觉会导致胎动减少。这时只要动动身体，待胎儿醒来活动即可。

❷ 母体血糖低

孕妇肚子饿、血糖低，胎动也可能减少。此时只要吃点东西，让血糖升高，一段时间后胎动就会恢复正常。

❸ 胎儿突然有问题

如果2小时内胎动不到10次，或者感觉胎动减少一半以上，建议立即就医，装置胎心音监测器检查胎儿是否健康。

为何胎动加快？

一般来说，胎动加快并非异常现象，通常是因为胎儿正在运动。

怀孕中应进行的14次产检

时间	次数	产检内容
妊娠第一期（15周以前）	3次	例行产检、血常规、血型、Rh因子、梅毒、艾滋病、尿常规、筛查地中海贫血等
妊娠第二期（15～28周）	3次	例行检查、产科检查、超声检查等
妊娠第三期（28周以后）	8次	例行检查、产科检查、观察消肿、实验室检查等

一定要做的产前检查有哪些？

做产前检查，孕育健康下一代

产前检查应从何时开始？

产前检查的理想时间，应从确定怀孕时开始。一般建议在月经过后即验尿检查是否怀孕，如果怀孕应立即接受B超检查，以确定胚胎是否正常着床在子宫内，并且精确地算出预产期，确定日后的产检时间表。

例行的检查项目包括哪些？

❶ **问诊内容**：本胎不适症状。首次问诊时会询问家族疾病史、孕妇疾病史、过去的怀孕史。

❷ **身体检查**：体重、血压、腹围、子宫底高度、胎心音、胎位、水肿、静脉曲张。若是首次问诊，将检查体重、身高、血压、甲状腺、乳房，以及做宫颈刮片检查。

❸ **实验室检查**：尿蛋白、尿糖。首次问诊另包括血常规（白细胞、红细胞、血小板、血细胞比容、血色素、平均红细胞体积）、梅毒、艾滋病。

产检检查项目说明

项目	产检内容说明
体重	体重增加太快，可能是水肿或胎儿过大造成的；体重增加太慢，则要注意是否影响胎儿发育
血压	若怀孕20周后，血压高于140/90 mmHg，应追踪检查是否为妊娠高血压或妊娠毒血症
尿蛋白	使用试纸验尿，若有尿蛋白，则应注意血压，判断是否发生妊娠高血压等疾病
尿糖	尿糖指数偏高，需注意是否有妊娠糖尿病
子宫底高度	从子宫底到耻骨的距离，估计子宫大小及胎儿大小
胎心音	胎儿7周以上，即可通过腹部B超看到心跳；14周以上，可在腹部听到胎儿的心跳
胎位	胎位指胎儿的头与孕妇骨盆的相对位置。怀孕期间，胎儿不停地活动，但到后期头应该朝下，呈倒立状，这是正常的胎位
胎动	通常第一胎在20周、第二胎在16~18周，孕妇可感受到胎动。胎动不仅能让孕妇了解胎儿的活动力，还可借此和胎儿建立情感联系

第一章
幸福孕期的保健法

孕育健康的宝宝，

是所有母亲共同的心愿。

如何强化母体、舒缓不适?

怎么吃对营养、掌握母婴健康?

跟着本书做好孕期保健,

轻松孕育优质下一代!

增强免疫力，助你好"孕"

增强免疫力、谨慎用药，当心怀孕期间可能出现的妊娠疾病

在漫长的怀孕过程中，不少孕妇忧心自己的身心状况能否应付整个怀孕和生产过程，也担心胎儿是否能够健康成长。

💜 增强免疫力，远离疾病

建议孕妇增强自身免疫力，以避免流行性感冒、过敏性鼻炎、气喘等疾病上身，尽量减少用药的可能。

但若症状不减轻，还是应就医诊治，切勿因为害怕用药，而危害母体健康，甚至引发其他严重症状。

💜 药物咨询不可少

孕妇在使用药物前，应该详细地将怀孕的情况告诉主治医师，若不放心，可再次咨询妇产科医师，也可上网搜索或查阅相关书籍，多了解相关药物资讯。

若在不知道怀孕的情况下服用了药物，可在产检的时候向医师咨询，并把握以下三点。

❶ **用药时间**：告知医师怀孕的周数，提供准确的用药时间点，医师才能评估药物对胎儿的影响程度。

❷ **用药剂量**：清楚告知医师服用药物的剂量与次数。

❸ **用药种类**：不管是医院开的药物，还是自行购买的中成药，都应携带服用过的药物（包括包装或说明书上所标示的药品通用名和成分），供医师参考。

怀孕期间如何防治感冒？

预防方法：

❶ 多休息，避免过度劳累。

❷ 加强饮食中营养的摄取，多补充维生素C。

❸ 保持良好的运动习惯，以增强免疫力。

❹ 接受流感疫苗注射。

❺ 少去公共场所，多洗手，在人多的场合适时戴上口罩。

治疗方法：

一般感冒：多喝开水，多休息，适量补充维生素C，注意保暖。

流行性感冒：及时就医治疗，可以适时服用对症的抗病毒药物。

注意事项：切勿自行服用退热药。

♥ 哪些妊娠疾病要当心?

对怀孕期间可能发生的疾病，若不谨慎处理，可能会影响孕妇和胎儿的健康，因此务必按照固定的产检时间复诊，必要时可提早就诊。

❶ 妊娠糖尿病

怀孕期间出现葡萄糖耐受性不良、血糖异常升高，即妊娠糖尿病，这是孕期常见的代谢性疾病。

此病症可能造成胎儿过大、难产或肩难产，生产时导致婴儿锁骨骨折，或者造成新生儿低血糖、低血钙、黄疸等症状；使孕妇并发妊娠高血压或先兆子痫，且孕妇和胎儿日后罹患糖尿病的概率也会增加。

❷ 先兆子痫

指孕妇在怀孕中期以后出现高血压，且合并有蛋白尿和全身性水肿的症状。产检时可通过测量血压和尿液检查确诊。

先兆子痫可能造成肝脏、肾脏、血液系统等方面的病变，有全身性的风险，甚至可能造成脑出血；若情况过于严重，为了避免孕妇和胎儿发生危险，需提早分娩。

❸ 羊水过多或过少

羊水过多，可能导致早产或早期破水、产后大出血等；羊水过少，胎儿有畸形可能，还容易吸入胎便，严重时会影响呼吸功能，甚至造成新生儿死亡。

❹ 胎儿生长迟滞

指胎儿生长速度太慢，或者预估体重与怀孕周数相差2周以上，体重小于同月龄胎儿10%以上。

造成原因可能是染色体或基因异常、先天畸形、多胞胎，或者有前置胎盘、胎盘早期剥离，或者母体营养不良、长期慢性缺氧，孕妇有吸烟、喝酒等不良习惯，通常由多种原因合并造成。

❺ 脐带绕颈

脐带常常会缠绕胎儿颈部或身体，但绝大部分不会影响胎儿生长发育；极少数可能发生脐带扭转过紧，甚至打结，造成胎儿缺氧甚至死亡。

❻ 过期妊娠

一般以42周为限，过期妊娠可能造成羊水过少、胎盘功能降低，导致胎儿窘迫、胎儿过大，容易引起难产。

❼ 产前出血

20周之前的早期妊娠出血，有可能是先兆流产、宫颈糜烂、宫颈发炎，宫颈息肉、宫颈癌造成的。中晚期妊娠出血则可能是早产、前置胎盘、胎盘早期剥离等原因造成的。

定期产检追踪，掌握可能发生的病症和处理方式，孕妇将更能从容地迎接新生命的到来。

如何舒缓孕期九大常见不适？

遵照医嘱，建议从改善饮食和生活习惯着手

💜 牙龈出血

怀孕期间，因血液循环加快，孕妇牙龈易充血肿胀，进而出现发炎的症状，刷牙时牙龈容易出血。

建议改换软毛牙刷，刷牙的力道轻一点儿；如果伴随疼痛和局部红肿，可能是牙周病的前兆，会影响进食和营养吸收，也不利于胎儿生长，宜及早治疗。

💜 蛀牙、牙周病

因怀孕时新陈代谢较旺盛，若牙齿清洁不彻底，易发生细菌感染，导致蛀牙和牙周病，严重的牙周病还可能造成早产等并发症。

一般牙医不太愿意为孕妇治疗牙病，建议女性在计划怀孕时，先请牙医检查牙齿，确保口腔健康，才不用担心怀孕以后可能发生的不适。

💜 失眠

怀孕初期的严重孕吐和怀孕后期腹部增大，都会造成孕妇睡眠质量下降或失眠，对于需要充分休息的孕妇影响极大。

孕妇宜采取侧卧姿势，不但有助于血液循环，有利于胎儿的供氧，而且可减轻腹部直接压迫腰部和胃肠等器官的压力，孕妇能轻松入睡。不过如果觉得仰卧比较舒服也无妨。

生一个孩子，掉一颗牙？

俗语说："生一个孩子，掉一颗牙。"传统观念认为，怀孕会让钙流失，导致蛀牙或掉牙，其实这是错误的观念。牙齿的问题，主要还是不注意口腔卫生而引起的。

怀孕期间尤其需要注意牙齿的清洁和保健，以避免因牙齿的问题，影响孕妇和胎儿的健康。

💗 胸闷、心悸

由于孕妇在怀孕期间新陈代谢旺盛，心脏负荷量比平时大，会导致心跳加快。怀孕后期子宫压迫胸腔则会造成呼吸困难。

当胸闷、心悸的症状发生时，孕妇宜充分休息，抬头深吸一口气，使呼吸平缓些，平时亦可练习产前伸展操或孕期瑜伽，以改善呼吸状况。

💗 缺铁性贫血

缺铁性贫血主要是由怀孕时生理变化引起的。由于母体营养通过血液输送至脐带给胎儿，倘若孕妇出现缺铁性贫血，将不利于胎儿发育，需加强摄取富含铁的动物内脏或深绿色蔬菜，每日服用含铁剂的复合维生素。

孕妇若贫血严重，常有头晕、心跳加快或体力不济等情形，可补充铁剂或早日就医。

💗 流鼻血

怀孕时因血液循环加快，导致鼻腔黏膜的微血管充血，因而孕妇比一般人更容易流鼻血。

遇到流鼻血的情况，建议将头稍稍往前倾，只要用手指按压住出血部位5～10分钟就能止血。冰敷也能让血管收缩，帮助止血。

💗 腹痛、胃肠炎

孕期应特别当心腹痛的发生，如伴随发热、腹泻等现象，可能是食物中毒或细菌性肠炎引起的，不可自行服用中成药，需尽快就医。

腹痛如伴随子宫收缩或出血，则可能是流产或早产前兆，务必尽快到医院检查。

💗 腰酸背痛

孕妇因为腹部增大，使身体重心前移，行走或站立时习惯向后倾，长期以往易导致腰酸背痛，脊椎和骨盆关节肌肉疲劳。

出现腰酸背痛的情形时，宜多休息，保持正确姿势，适度按摩或热敷背部，平日避免提举重物，床垫不宜太软，必要时不妨使用托腹带支撑腹部，以减轻背部负担。

💗 小腿抽筋

孕妇缺钙会引起小腿抽筋，此外，孕期受子宫压迫，导致下半身血液循环不佳，也会增加抽筋发生的概率。

小腿抽筋时，可将下肢伸直，按摩腿部抽筋处，有助于缓解症状。平日建议多补充钙，适量从事温和的运动，以促进血液循环。

定期产检，母婴健康

怀孕过程中应进行产检的时程为：

妊娠第一期（15 周以前）：计 3 次（每 4 周检查 1 次）。

妊娠第二期（15 ~ 28 周）：计 3 次（每 4 周检查 1 次）。

妊娠第三期（28 周以后）：计 8 次（前 4 次每 2 周检查 1 次，后 4 次每周检查 1 次）。

孕妇需自费检查的产检项目

检查项目	周数	产检内容说明
脊髓性肌萎缩症（SMA）基因检测	20周以前	●通过抽血方式检测，筛检出脊髓性肌肉萎缩症基因携带者（敏感度超过95%）
母血唐氏综合征筛检	第8~20周	●可知胎儿有唐氏综合征或神经管缺损的概率，若属高危人群，则需进一步接受羊膜穿刺检查
羊膜穿刺术	第16~18周	●检查胎儿染色体是否正常 ●高龄产妇、超声波检查异常、母血唐氏综合征筛检为高危人群、曾怀有先天异常胎儿或有家族病史的孕妇，都应该接受检查
高层次超声波	第20~24周	●检查胎儿细部构造，以排除重大缺陷或畸形
妊娠糖尿病筛检	第24~28周	●抽血检查。超过标准值时表示罹患妊娠糖尿病，需配合医师和营养师，做饮食控制或胰岛素治疗
乙型链球菌筛检	第35~37周	●若产妇的产道存在乙型链球菌，胎儿经过产道时可能受到感染，严重时会造成败血症、脑膜炎，甚至死亡 ●倘若筛检呈阳性，待产时必须使用抗生素以避免感染

美丽孕妇的皮肤保养指南

把握天然、无香料原则，孕妇美丽，胎儿健康

🤍 孕期如何选用保养品？

化妆保养品直接与皮肤接触，容易经由皮肤进入人体的循环系统，再经脐带传至胎儿体内，孕妇切勿贪图一时的美丽，而造成宝宝终生的遗憾。

选用天然、无特殊香味的产品

孕期使用化妆品，必须特别当心产品中的毒性成分，以免对母体和胎儿生长造成影响。

对孕妇来说，大部分化妆品均相当安全，但有些化妆品含有防腐剂成分对羟基苯甲酸酯，这种物质会阻碍胎儿的生长发育，增加胎儿肥胖的概率。

孕妇应避免使用味道很重的化妆保养品。另外，有些美白的化妆品和治疗痤疮的药物含有维A酸成分，在孕期绝对不可使用，以免造成胎儿畸形。

含色素的化妆品，大部分含有煤焦油成分，长期使用有导致胎儿畸形的风险；部分劣质的化妆品掺有铅、汞和铬等重金属成分，渗入皮肤，会在血管内沉积，间接影响胎儿生长发育，造成胎儿先天性缺陷。

🤍 身上出现妊娠纹怎么办？

妊娠纹是不少孕妇，甚至产后女性挥之不去的梦魇，到底有什么方法能预防这些恼人的"不速之客"呢？

擦乳液或除纹霜

怀孕时孕妇身体迅速变胖，皮肤组织被迫急速地延展，当皮肤下的结缔组织断裂，就会形成所谓的妊娠纹。

建议孕妇在腹部、大腿、乳房、背部等容易产生妊娠纹的地方按摩，并多擦些性质温和、能缓解肌肉紧张的乳液或除纹霜。

控制体重

倘若孕妇体重增加过快，身体皮肤撑得越开，就越容易长妊娠纹。

凡士林可预防妊娠纹吗？

一般油性保养品较不会添加防腐剂、安定剂。油性的凡士林具有高度保湿性，非常滋润，适度涂抹、按摩肚皮，有预防妊娠纹的效果。

健康孕妇的饮食建议

建立良好的饮食习惯，确保胎儿健康

为了母体和胎儿的健康，孕妇在饮食上不但要营养均衡，摄取多样化的食物，而且必须养成良好的进食习惯，这样才能孕育出健康的宝宝。

❤ 孕期饮食九大原则

❶ **勿减肥节食**：怀孕时母体需补充更多的营养供给胎儿生长。若减肥节食可能造成营养不良，甚至导致胎儿发育迟缓。

❷ **勿挑食、偏食**：营养不均衡可能影响胎儿发育，并且增加孕妇出现并发症的风险。

❸ **勿暴饮暴食**：暴饮暴食易引起消化不良、胃肠炎等消化系统疾病；且饮食过量会使孕妇营养过剩，体重过重，增加罹患妊娠糖尿病和难产的风险。

❹ **避免高盐、高油脂饮食**：盐分摄取过多易造成孕妇水肿，有高血压病史者更应避免，以免血压不易控制。热量过高会导致体重过重或肥胖。

❺ **减少精制和加工食品的摄取**：食品经过度精制和加工，某些营养成分流失，可能导致胎儿营养不良。

❻ **食材务必煮熟**：不新鲜的海鲜可能含有病菌，生鱼片、生牛肉等食材未经煮熟，也可能存在细菌或寄生虫，应避免食用。

❼ **勿食用不明药效的中药材**：避免食用会造成子宫收缩、阴道出血的中药材，如薏苡仁、红花、黄连等。有些中药材对怀孕有不良影响，因此怀孕期间服用任何中药，都宜先请教中医师。

❽ **勿食用有特殊药效的食材**：韭菜、山楂、芦荟等有活血化瘀的功效，还会使子宫收缩；人参会影响血液凝固，都应少吃或不吃。

❾ **减少咖啡因的摄取**：咖啡因摄取过量，会造成流产或影响胎儿发育，每天摄取不要超过300毫克。

❤ 六大方法避免"吃"出过敏儿

过敏体质与遗传关系密切，倘若父母中有一人是过敏体质，则宝宝1/3的概率是过敏儿；若父母均为过敏体质，宝宝为过敏儿的概率即高达2/3。在怀孕的过程中，尽量避开过敏原，呵护宝宝健康。

❶ **找出食物过敏原**：确切知道食物过敏原，避免日后误食，能彻底阻断过敏症状。

❷ **远离高危食材**：高危食材容易诱发孕妇的过敏症状，应尽量避免，但也应注意不能因此偏食，导致营养不均衡。

❸ **均衡摄取蔬果**：维生素和抗氧化营养成分摄取不足，易影响人体的免疫调节功能。

❹ **饮食清淡、少刺激**：食材宜仔细清洗，避免残留的农药引发过敏；少吃甜食，以免生痰诱发气喘；太咸的食物也会增加支气管负担，引发过敏反应。

❺ **避免食品添加物**：食品添加物容易诱发皮肤过敏，应尽量避免食用加工食品和油炸类、辛辣刺激类食物。

❻ **用餐专心**：如用餐时一心两用，容易产生压力，引发过敏。

♥ 孕期饮食六不宜

虽然孕期饮食要求多样化，但各类食物中仍有不适合孕妇吃的食材，平时仍应避免。

下表归纳出孕妇应尽量避免食用的食物。

孕妇应避免食用的食物

食物类别		避免食用的食物
蛋、奶、鱼、肉类		● 腌渍物、烟熏制品，如香肠、火腿、肉干、肉松、咸鱼、皮蛋 ● 罐装食物，如鳗鱼罐头、金枪鱼罐头、肉酱罐头、肉臊罐头 ● 速食，如炸鸡、汉堡
豆类及其制品		● 腌渍、罐装、卤制食物，如豆干、豆腐乳
淀粉类		● 方便面、油面
蔬菜、水果类		● 腌渍蔬菜、冷冻蔬菜、加工蔬菜罐头，如泡菜、榨菜、酸菜 ● 干果、脱水水果、加工蔬菜汁
调味料		● 味精、辣椒油、豆瓣酱、芥末酱
零食类		● 蜜饯、炸土豆片、爆米花、碳酸饮料

第二章
怀孕三阶段，这样吃最健康

孕期健康饮食，决定宝宝体质，

孕期三阶段如何吃得好又巧？

精选350道养生健康菜肴，

关键10个月吃对食物，

孕妇、胎儿都健康。

妊娠第一期	怀孕 15 周以前
妊娠第二期	怀孕 15~28 周
妊娠第三期	怀孕 28 周以后

妊娠第一期

早餐吃得好，午餐吃得饱，晚餐吃得少

食补重点

- 早餐：以肉类和动物内脏类等富含蛋白质的食物为主。
- 午餐：多吃低脂、高蛋白食物，如海鲜类，并搭配蔬菜、水果。
- 晚餐：以清淡食物为主，避免进食大鱼大肉。

营养需求

- 怀孕初期需要补充适量的营养成分，尤其要多食用富含动物性蛋白质、锌、铁、叶酸的食物。

推荐食材

- 紫菜、海带、黄豆、西红柿、芝麻、绿叶蔬菜

妊娠第一期要吃些什么？

1 富含动物性蛋白质的食物：猪肉、牛肉、鸡肉、鱼肉、羊肉等。

2 富含锌的食物：牛奶、豆类、小麦胚芽、牡蛎、虾、紫菜、蛋黄、南瓜子等。

3 富含铁的食物：瘦肉（红肉）、猪肝、猪血、贝类、黄豆、红豆、紫菜、海带、木耳、芝麻、坚果类、绿叶蔬菜等。

4 富含叶酸的食物：动物内脏，啤酒酵母，豆类（如扁豆、豌豆），绿色蔬菜（如芦笋、菠菜、西蓝花），柑橘类水果（如柳橙、橘子、柠檬、葡萄柚）等。

为什么要这样吃？

1 动物性蛋白质可以提供胎儿生长、脑细胞发育，以及母体子宫、乳房发育所需的营养，同时也容易被人体消化吸收。

2 锌对于确保胎儿出生后的正常发育非常重要，锌的摄取量不足，可能会影响胎儿出生时的体重。

3 怀孕期间会消耗不少母体内的铁，一旦缺铁，除了可能导致孕妇贫血，严重时甚至会造成胎儿早产，或者胎儿体重较轻。

4 怀孕期间缺乏叶酸，孕妇可能会出现贫血、倦怠、晕眩等症状，严重时甚至导致流产、早产，或者胎儿神经管缺损等情况。

🫘 中医调理原则

1 饮食宜清淡、精致且熟烂，此时适合清热、滋补，而不适合温补，否则容易导致胎动、胎热，严重时甚至会导致流产。

2 怀孕初期，适合吃酸味的食物，如酸梅、酸味的羹汤等，不宜吃辛辣、燥热的食物，以防止口干舌燥、排便不顺畅。

3 不宜盲目进补或自行补充营养剂，有些营养品、补品不宜在怀孕期间食用，倘若未经专业咨询便服用，反而会对母体造成不良的影响。服用营养补充剂，一定要在医师或营养师的指导下进行。

🌑 孕期特征

1 怀孕初期的前3个月是胎儿发育的重要阶段，此时胎儿的五官、心脏及神经系统已开始形成。

2 怀孕初期的症状，包括月经停止、尿频、容易疲倦、乳房有瘙痒感、乳晕颜色加深，以及经常有恶心、呕吐的情况。

🍎 食疗目的

1 帮助胎儿健康发育。

2 避免孕妇怀孕初期因为缺锌而感到倦怠，或者出现早产的情况。

3 预防孕妇出现贫血的现象，同时促进胎儿神经系统的发育。

🧑‍⚕️ 营养师小叮咛

1 此阶段胚胎还小，孕妇的体重只增加1～2千克，此时所需要的营养成分并不多，维持正常的饮食，即可供应妊娠第一期所需的营养。

2 这个时期容易孕吐、反胃，孕妇起床后可先吃一些杂粮馒头或苏打饼干，然后再刷牙，以避免孕吐。

3 少食多餐，并在两餐中间补充点心，可以使血糖稳定，并帮助摄取足够的营养。

4 咖啡、浓茶或含糖饮料应尽量避免，冰品也容易引起不适，此外，务必远离烟、酒。

5 多补充水分，避免食用韭菜、不新鲜的海鲜或没有煮熟的肉类等。

☀️ 营养需求表

一般怀孕女性每日营养成分建议摄取量（中国居民膳食营养成分参考摄入量）

营养成分	每日建议摄取量
蛋白质	[体重（千克）×(1~1.2)]克
锌	12毫克＋3毫克
铁	15毫克
叶酸	0.4毫克＋0.2毫克

妊娠第一期营养师一周饮食建议

时间	早餐	午餐	点心	晚餐
第一天	蛤蜊麦饭 第32页 南瓜蘑菇浓汤 第74页	米饭3/4碗 柠檬鳕鱼 第40页 香菇炒芦笋 第60页	葡萄干腰果蒸糕 第86页	南瓜米粉 第35页 银鱼紫菜羹 第69页
第二天	枸杞子燕麦馒头 第37页 美颜葡萄汁 第89页	黄金三文鱼炒饭 第33页 竹荪鸡汤 第75页	红豆杏仁露 第81页	米饭3/4碗 丝瓜炒蛤蜊 第46页 蒜香龙须菜 第58页
第三天	鲜味鸡汤面线 第34页	排骨糙米饭 第31页 枸杞子炒圆白菜 第54页	安神八宝粥 第81页	米饭3/4碗 黄瓜炒肉片 第50页 凉拌菠菜 第56页
第四天	土豆煎饼 第38页 芝麻香蕉牛奶 第88页	米饭3/4碗 彩椒鸡柳 第52页 碧玉白菜卷 第53页	蜜桃奶酪 第84页	海带糙米饭 第31页 紫菜玉米排骨汤 第72页
第五天	香甜金薯粥 第33页 虾仁炒蛋 第42页	三文鱼蒜香意大利面 第36页 胡萝卜炖肉汤 第73页	藕节红枣煎 第83页	米饭3/4碗 牡蛎豆腐羹 第47页 黑木耳炒芦笋 第61页
第六天	南瓜荞麦馒头 第37页 核桃糙米浆 第89页	米饭3/4碗 红曲猪蹄 第51页 黑木耳炒芦笋 第61页	甘麦枣藕汤 第78页	高纤苹果饭 第32页 芝麻虾味浓汤 第69页
第七天	什锦海鲜汤面 第35页	米饭3/4碗 蘑菇烧牛肉 第49页 河虾拌菠菜 第55页	松子红薯饼 第85页	米饭3/4碗 豌豆炒鸡丁 第52页 香蒜南瓜 第62页

排骨糙米饭

提振食欲 + 增强免疫力

材料：

小排骨200克，糙米240克，葱1根，枸杞子、水、芹菜叶各适量

调味料：

盐、酱油、香油、白胡椒粉各少许

做法：

❶ 除水外的材料洗净。糙米用水浸泡4小时，葱切段备用。

❷ 小排骨切块，汆烫后用水冲净。

❸ 将小排骨块、葱段与糙米、枸杞子和水放入电饭锅中，并加调味料，煮至开关跳起，盛碗后放上芹菜叶装饰即可。

滋补保健功效

糙米含有维生素B₁、维生素E和铁，可补充孕妇所需的营养，促进血液循环，并提高免疫力。排骨能提供能量，增进孕妇食欲。

滋补保健功效

糙米含有B族维生素、维生素E、维生素K和膳食纤维。维生素E抗氧化力强；维生素K可强健骨骼；膳食纤维能促进胃肠蠕动，预防便秘。

海带糙米饭

强健骨骼 + 预防便秘

材料：

糙米饭2碗，海带50克，新鲜枳果青60克，水适量

调味料：

盐1/6小匙，白糖1/2小匙

做法：

❶ 海带切丝，入沸水汆烫至熟；枳果青切片备用。

❷ 海带丝、枳果青片与调味料拌匀，腌10分钟。

❸ 糙米饭盛碗，放上步骤❷的材料即可。

怀孕三阶段，这样吃最健康

高纤苹果饭

止泻通便 + 消除疲劳

材料：
苹果150克，葡萄干30克，大米60克，水适量

调味料：
盐1/4小匙

做法：
① 苹果洗净，去核，切小丁；大米、葡萄干洗净备用。
② 将大米、葡萄干、苹果丁拌匀后加适量水，放入电饭锅蒸熟即可。

滋 补 保 健 功 效

　　苹果富含膳食纤维、有机酸、果胶，具有止泻、通便、助消化的作用；其所含的钾、镁，还能预防和缓解疲劳。

滋 补 保 健 功 效

　　蛤蜊富含蛋白质，含锌量高，有助于胎儿发育；搭配高纤、高蛋白的小麦，相当适合孕妇食用。

蛤蜊麦饭

强身健体 + 有益胎儿健康

材料：
小麦50克，米饭60克，蛤蜊100克，葱花20克，姜末5克，水、秋葵各适量

调味料：
酱油、料酒各1/4小匙，胡椒粉少许，橄榄油1小匙

做法：
① 小麦洗净，泡水20分钟备用；蛤蜊泡水吐沙，洗净；秋葵洗净，对切，汆烫至熟备用。
② 橄榄油入锅烧热，爆香姜末，加米饭和小麦翻炒。
③ 续入蛤蜊及适量水略炒，再加酱油、胡椒粉和料酒拌匀焖煮至熟。
④ 加入葱花炒香，盛盘时放上秋葵装饰即可。

黄金三文鱼炒饭

促进脑部发育＋增强抵抗力

材料：
米饭300克，三文鱼90克，鸡蛋1个，葱1根

调味料：
盐、胡椒粉、料酒各适量，橄榄油1大匙

做法：

❶ 三文鱼切小丁；鸡蛋打散成蛋汁；葱洗净，切末，备用。

❷ 橄榄油入锅烧热，先爆香三文鱼丁及葱末，加入适量料酒及蛋汁炒散后，续入米饭，添加适量盐、胡椒粉调味，拌炒均匀即可。

滋补保健功效

三文鱼富含维生素A，可增强抵抗力、预防感冒；其富含的DHA及ω-3脂肪酸，是胎儿大脑发育不可或缺的营养成分。

滋补保健功效

红薯含有可帮助消化的膳食纤维，也是一种碱性食物，是促进排便、提高代谢的上佳食材，有助于排毒、保持血管弹性。

香甜金薯粥

促进排便＋促进代谢

材料：
红薯100克，大米50克，水400毫升

调味料：
盐1/2小匙

做法：

❶ 大米洗净，泡水3小时，备用；红薯洗净，去皮，切块。

❷ 汤锅加400毫升水煮开，放入大米、红薯块及盐，以小火慢煮，边搅拌边煮至熟即可。

鲜味鸡汤面线

止吐消胀气＋补充营养

材料：
鸡腿1只，面线300克，上海青4棵，老姜8片，
葱段5克，水800毫升

调味料：
盐少许

做法：
1. 鸡腿洗净，切块，氽烫后用水冲净；上海青洗净备用。
2. 将鸡腿块、老姜片、葱段放入锅中，加水，鸡腿煮熟后加盐调味，盛出。
3. 面线用沸水煮熟放凉，上海青烫熟，放入碗中后加上步骤2的材料即可。

滋补保健功效
　　姜具有止吐、刺激胃液分泌、增进食欲、促进消化、消除胀气的作用；鸡汤则可增强孕妇体力，补充胎儿所需的蛋白质。

酸菜鸭肉面线

增进食欲＋帮助消化

滋补保健功效
　　酸菜味道咸酸，可增进孕妇食欲、帮助消化；鸭肉是含铁量较丰富的肉类之一，适当补充鸭肉，可预防孕妇贫血。

材料：
鸭肉300克，酸菜100克，姜丝15克，面线400克，高汤500毫升，芹菜叶适量

调味料：
盐1/4小匙，香油1/2小匙

做法：
1. 鸭肉、酸菜洗净，分别切片和切丝；面线用沸水煮熟，放凉备用。
2. 汤锅中放入高汤、鸭肉片、酸菜丝、姜丝烹煮。
3. 煮沸后，加入面线略煮，放入香油、盐调味，盛碗后放上洗净的芹菜叶装饰即可。

什锦海鲜汤面

增强体力 + 促进代谢

材料：
猪里脊肉、墨鱼各30克，草虾50克，葱花10克，蛤蜊（已吐沙）4个，拉面120克，高汤350毫升

调味料：
盐1大匙

做法：

① 墨鱼洗净，切小段；猪里脊肉切小片；草虾处理干净备用。

② 墨鱼段、猪里脊肉片汆烫捞起，备用；拉面煮熟，备用。

③ 高汤煮沸，放入所有食材（葱花除外），加盐调味，煮至蛤蜊壳开，加葱花略煮即可。

滋 补 保 健 功 效
　　虾含有蛋白质、维生素，钙、磷含量尤其丰富，是壮骨佳品，可增强体力、促进新陈代谢。此道面食能帮助孕妇获得充足的营养。

南瓜米粉

促进细胞再生 + 补血养身

材料：
猪肉丝100克，蛤蜊200克，葱3根，南瓜、米粉各300克，水适量

调味料：
酱油1大匙，白糖1小匙，胡椒粉1/2小匙，香油、橄榄油各适量

做法：

① 将除水外的材料洗净。蛤蜊加水煮开后取出蛤蜊肉，高汤留下备用；葱切葱白段和葱绿段。

② 南瓜去皮去瓤，切片，蒸熟后压成泥；米粉汆烫。

③ 橄榄油入锅烧热，爆香葱白，加入猪肉丝、酱油、南瓜泥、高汤拌炒；续入米粉，加白糖调味，煮沸后转小火略微焖煮；加蛤蜊肉、葱绿段、胡椒粉略炒，起锅前淋入香油拌炒均匀即可。

滋 补 保 健 功 效
　　南瓜营养丰富，含有多种维生素和矿物质，可促进肝、肾细胞再生，是很好的补血食材，尤其适合孕妇食用。

彩椒螺丝面

抗氧化 + 舒缓牙龈出血

材料:

螺丝面150克,红辣椒丁50克,黄椒丁、青椒丁各30克,大蒜片、橄榄片各少许,高汤200毫升

调味料:

盐适量,奶酪粉20克,橄榄油2大匙

做法:

1. 螺丝面放入沸水中,煮8～10分钟捞起,备用。
2. 橄榄油入锅烧热,炒香大蒜片,加入红辣椒丁、黄椒丁、青椒丁拌炒约1分钟。
3. 放入盐和高汤略煮,再放入螺丝面拌匀,起锅时撒上奶酪粉、橄榄片即可。

滋 补 保 健 功 效

红辣椒、黄椒含丰富的维生素A、维生素C和β-胡萝卜素,可防止细胞组织氧化,且对怀孕期间牙龈出血的症状有一定的舒缓作用。

滋 补 保 健 功 效

多吃三文鱼可摄取优质蛋白质和EPA、DHA等多不饱和脂肪酸,对于孕妇补充营养、促进胎儿脑部发育,均有一定的帮助。

三文鱼蒜香意大利面

补充营养 + 促进胎儿脑部发育

材料:

意大利面80克,三文鱼100克,秋葵片10克,大蒜末5克,水300毫升

调味料:

盐适量,橄榄油1大匙

做法:

1. 三文鱼切丁,秋葵片余烫放凉,备用。
2. 将意大利面加盐1小匙,用沸水煮熟捞起,备用。
3. 橄榄油入锅烧热,放入大蒜末爆香后,续入三文鱼丁和盐翻炒,最后加入意大利面、秋葵片拌炒即可。

枸杞子燕麦馒头

补血养身 + 提升元气

材料：
枸杞子汁80毫升，燕麦1小匙，低筋面粉150克

调味料：
白糖1大匙，酵母、泡打粉各1小匙

做法：

① 燕麦洗净，泡水一晚，沥干备用。

② 将燕麦、低筋面粉与调味料混合，再加入枸杞子汁，揉成光滑的面团。

③ 冬天约发酵10分钟；夏天气温较高，搓揉时已开始发酵，搓揉动作宜快，只需发酵5分钟。

④ 将面团搓成长条，切段，放在铺有蒸笼纸的蒸盘上。

⑤ 发酵20分钟，以大火蒸10分钟即可。

滋 补 保 健 功 效

枸杞子富含铁，可帮助怀孕初期孕妇补充足够造血的铁。面粉富含蛋白质和淀粉，能够提升孕妇元气。

南瓜荞麦馒头

增强体力 + 润肠通便

材料：
熟荞麦 30 克，葡萄干 10 克，熟南瓜泥 20 克，水50 毫升，中筋面粉 100 克

调味料：
白糖1大匙，酵母、泡打粉各1小匙

做法：

① 所有材料和调味料混合，揉成光滑的面团。

② 冬天约发酵10分钟；夏天气温较高，搓揉时已开始发酵，搓揉动作宜快，只需发酵5分钟。

③ 将面团搓成长条，切段，放在铺有蒸笼纸的蒸盘上。

④ 发酵20分钟，以大火蒸10分钟即可。

滋 补 保 健 功 效

荞麦含丰富的膳食纤维，具有润肠通便的作用，能预防便秘。南瓜和面粉中的碳水化合物可提供能量。

土豆煎饼

提高免疫力 + 利水消肿

材料：
土豆150克，洋葱80克，胡萝卜20克，鸡蛋1个，猪肉末250克，姜末5克

调味料：
胡椒粉少许，香油、蚝油各1小匙，盐1/4小匙，橄榄油4大匙

做法：
1. 土豆、洋葱、胡萝卜均洗净。土豆蒸熟，去皮捣碎；鸡蛋打成蛋汁；洋葱切末；胡萝卜切细丁，备用。
2. 将步骤❶的材料搅拌，再加入猪肉末、姜末和除橄榄油外的调味料拌匀，用手捏成土豆饼。
3. 橄榄油入锅烧热，将饼煎至金黄色即可。

滋 补 保 健 功 效

土豆热量低，富含膳食纤维，既可满足人体所需营养，又可提高免疫力，且含钾量丰富，有助于人体排出过多的水分，对于有水肿问题的孕妇可以起到消肿的效果。

紫米珍珠丸子

补肾健脾 + 调理胃肠

材料：
紫米100克，猪肉末10克，虾仁5克，香菇2朵，香菜叶适量

调味料：
盐1/4小匙，白糖2小匙，胡椒粉少许

做法：
1. 紫米洗净，泡水4小时沥干；香菇泡发后切细丁；虾仁以刀背拍打成泥。
2. 将猪肉末、虾泥、香菇丁与调味料调和，打至起胶。
3. 将步骤❷的材料用手挤成球状，放在沥干的紫米上均匀地滚上一圈，再放入蒸锅蒸约30分钟，取出后放上洗净的香菜叶装饰即可。

滋 补 保 健 功 效

紫米含有人体所需的氨基酸，蛋白质含量高，具有滋阴补肾、健脾的功效；其所含的丰富的膳食纤维，可调理孕妇胃肠。

奶香鲜贝烩花菜

红润脸色 + 减少皱纹

材料：

花菜100克，新鲜干贝2个，青豆20克，胡萝卜30克，牛奶60毫升，高汤2大匙

调味料：

橄榄油1小匙，盐1/4小匙，水淀粉1/2小匙，黑胡椒碎适量

做法：

❶ 花菜、胡萝卜、青豆洗净；花菜切小朵，胡萝卜切丁，分别用沸水汆烫，再浸泡于冷水中。

❷ 橄榄油入锅烧热，加入胡萝卜丁、青豆、干贝和花菜小朵略炒，倒入牛奶、高汤和盐，大火煮沸后转小火，煮至入味，加水淀粉勾芡略煮，盛盘后撒上黑胡椒碎即可。

滋 补 保 健 功 效

　　花菜富含维生素C，可促进人体对干贝中铁的吸收，使脸色红润；与干贝中的蛋白质结合，有助于形成胶原蛋白，经常食用此道菜，可使皮肤有弹性。

滋 补 保 健 功 效

　　毛豆可促进胃肠蠕动、预防便秘；干贝含丰富的蛋白质及碘，有滋补肾脏的功效，经常食用干贝可以增强体力。

毛豆烧鲜贝

增强体力 + 补肾强身

材料：

毛豆仁300克，干贝200克，胡萝卜、香菇各100克，葱花、姜末适量，高汤400毫升

调味料：

盐、香油各1/4小匙，胡椒粉1/2小匙，橄榄油、水淀粉各1大匙

做法：

❶ 胡萝卜洗净，切丁，和洗净的毛豆仁放入沸水中汆烫；香菇洗净，去蒂切丁。

❷ 橄榄油入锅烧热，放入姜末、葱花爆香，加入香菇丁炒香，倒入高汤煮沸。

❸ 毛豆仁、胡萝卜丁、干贝放入高汤中拌炒，加盐、胡椒粉调味，再用水淀粉勾芡，起锅前淋上香油即可。

香煎秋刀鱼

补充体力 + 健脑益智

材料：
秋刀鱼1条，柠檬汁少许

调味料：
盐少许

做法：
1. 秋刀鱼去鳃，洗净，清除内脏后，擦干水，在鱼身均匀涂抹盐备用。
2. 将秋刀鱼放入烤箱，以180℃烧烤约20分钟。
3. 食用前淋上柠檬汁，可根据自己的喜好摆盘装饰。

滋 补 保 健 功 效

　　秋刀鱼含有蛋白质、钙、DHA及维生素D，能促进胎儿脑部发育、补充孕妇所需营养；柠檬富含维生素C，可增强抵抗力。

滋 补 保 健 功 效

　　鳕鱼富含蛋白质、维生素A、维生素D，营养容易吸收，可补充胎儿发育初期所需的营养成分。柠檬不仅能去除鳕鱼的腥味，还可增进孕妇食欲。

柠檬鳕鱼

提振食欲 + 促进胎儿成长

材料：
鳕鱼片200克，鸡蛋1个，柠檬片、香菜叶各适量

调味料：
盐、胡椒粉、低筋面粉各少许，橄榄油2小匙

做法：
1. 鳕鱼片洗净，在鱼肉两面均匀抹上盐、胡椒粉，略腌。
2. 鸡蛋打散，鳕鱼片蘸上薄薄的蛋液，再裹上低筋面粉。
3. 橄榄油入锅烧热，用小火将鳕鱼煎至两面金黄色。
4. 将柠檬切片铺在鳕鱼上，用铝箔纸包裹，放进预热的烤箱内以180℃烤20分钟，装盘时放上柠檬片和洗净的香菜叶装饰，食用前再滴上少许柠檬汁即可。

豉汁鲳鱼

增进食欲 + 预防早产

材料：

鲳鱼350克，豆豉20克，葱丝、姜丝、大蒜末各少许，罐头菠萝120克，红枣2个

调味料：

米酒、酱油各1大匙，盐少许

做法：

1. 鲳鱼去内脏，洗净，鱼两面各划两道斜纹，抹盐；红枣洗净备用。

2. 鲳鱼淋上酱油、米酒，上面放豆豉、适量菠萝、红枣、姜丝、葱丝和大蒜末。

3. 取一蒸锅，水沸后放入鲳鱼，以大火蒸15～20分钟，待鱼熟即可。

滋 补 保 健 功 效

鲳鱼含有多不饱和脂肪酸，孕妇多吃海鱼可预防早产；豆豉能开胃，胃口不佳的孕妇，食用此道菜可增进食欲。

树子鲈鱼

滋补开胃 + 安胎养身

滋 补 保 健 功 效

树子具有开胃的作用。鲈鱼含有蛋白质、胶质和脂肪，不论是怀孕初期的安胎，还是产后催乳，它都是很好的滋补食材。

材料：

七星鲈300克，姜3片，树子适量

调味料：

Ⓐ 酱油、白糖各1大匙，香油、醋、胡椒粉各1/2小匙，盐1/4小匙

Ⓑ 酱油1大匙，白糖1小匙，香油、醋、胡椒粉各1/2小匙，盐1/4小匙

做法：

1. 姜片切丝；七星鲈洗净，切块，用调味料Ⓐ腌约20分钟；树子洗净。

2. 将七星鲈鱼块用温水略冲后放入盘中，将调味料Ⓑ均匀淋在鱼块上，加姜丝、树子，放入锅中蒸约10分钟即可。

芥蓝炒虾仁

增强抵抗力＋预防贫血

材料：

芥蓝180克，虾仁50克，大蒜2瓣，水3大匙

调味料：

橄榄油1大匙，米酒1/2小匙，盐1/4小匙

做法：

❶ 芥蓝洗净，切长段；虾仁去肠泥，洗净，用米酒和盐略腌；大蒜去皮，切片。

❷ 橄榄油入锅烧热，将虾仁过油捞出，爆香大蒜片，再放入芥蓝段和水煮熟。

❸ 加入虾仁拌炒均匀即可。

滋 补 保 健 功 效

芥蓝富含铁，可补充怀孕期间与分娩时所丢失的铁。虾仁能通乳、补血。此道菜肴可预防贫血，增强身体抵抗力。

滋 补 保 健 功 效

虾仁含有钙；鸡蛋营养全面，含有丰富的蛋白质、维生素B12，蛋黄中的卵磷脂可增强身体的代谢及免疫力。

虾仁炒蛋

促进代谢＋增强免疫力

材料：

虾仁200克，鸡蛋2个，葱花适量

调味料：

盐1/4小匙，胡椒粉少许，橄榄油1大匙

做法：

❶ 虾仁剔除肠泥洗净后，撒上盐及胡椒粉调味，橄榄油入锅烧热，爆香葱花，倒入虾仁，炒至九分熟，捞出沥干备用。

❷ 鸡蛋打散后，加入盐、胡椒粉、虾仁，搅拌均匀。

❸ 将步骤❷的食材放入热锅余油中，以中火快炒，至材料熟嫩即可。

什锦炒虾仁

补充体力＋补充营养

材料：
菠萝30克，姜片5克，黑木耳、白玉菇、虾仁各50克，胡萝卜、葱段各10克，鱿鱼60克，辣椒1/2个

调味料：
白醋、香油各1小匙，橄榄油2小匙，盐、料酒各1/2小匙，

做法：
1. 所有材料洗净，黑木耳、菠萝、胡萝卜切片，白玉菇切段，辣椒切片。
2. 在鱿鱼表面轻划数刀之后，将其和虾仁一起放入沸水中氽烫后捞起。
3. 橄榄油入锅烧热，爆香葱段、姜片、辣椒片，先放入步骤❶的材料炒匀，再加鱿鱼、虾仁及调味料快炒至熟即可。

滋补保健功效
虾仁富含蛋白质，钾、碘、镁、磷、钙等矿物质，以及烟酸、维生素A等营养成分，易消化，对小儿、孕妇尤有补益功效。

腰果炒虾仁

通乳腺＋强身健体

材料：
虾仁100克，生腰果30克，葱段10克，姜2片，鸡蛋1个

调味料：
橄榄油1大匙，米酒、淀粉各2/3小匙，盐适量

做法：
1. 鸡蛋取蛋清；虾仁去肠泥，洗净沥干，加米酒、淀粉和蛋清腌20分钟。
2. 橄榄油入锅烧热，加生腰果转小火炒至变色捞出，放虾仁过油，捞出。
3. 锅中余油爆香葱段、姜片，加入腰果和虾仁拌炒均匀，加适量盐调味即可。

滋补保健功效
虾仁可强身健体；腰果富含不饱和脂肪酸，是产生母乳的营养来源。此菜肴可为日后的哺乳做准备，并能改善孕妇腰酸无力。

豌豆香爆墨鱼

促进胎儿发育＋预防便秘

材料：

豌豆荚150克，胡萝卜20克，墨鱼（中卷）2卷，姜丝5克，大蒜末1小匙

调味料：

盐1/2小匙，米酒、水淀粉各1小匙，橄榄油2小匙，香油适量

做法：

① 将除姜丝、大蒜末外的材料洗净，墨鱼切花，豌豆荚去筋及蒂头，胡萝卜去皮切片，分别氽烫备用。

② 橄榄油入锅烧热，爆香姜丝、大蒜末后，放入墨鱼、豌豆荚、胡萝卜片略炒，再加盐和米酒炒匀。

③ 续入水淀粉勾芡略炒，淋上香油拌匀即可。

滋 补 保 健 功 效

　　豌豆富含B族维生素、膳食纤维，其中的维生素B$_6$参与细胞中多种蛋白质和氨基酸的代谢，能帮助胎儿发育。

滋 补 保 健 功 效

　　菠菜和枸杞子皆具有明目护眼的功效；菠菜还可促进血液循环、保持血管弹性，孕妇多吃能预防孕期贫血。

章鱼菠菜卷

保护血管＋明目护眼

材料：

菠菜100克，水煮章鱼40克，枸杞子5克，海苔1包

调味料：

醋1小匙，盐1/4小匙，橄榄油1/2小匙

做法：

① 菠菜洗净，去除硬梗和根部，氽烫后，切成粗丝；水煮章鱼切成薄片，烫熟备用。

② 枸杞子用醋泡软，拌入盐、橄榄油做成酱汁；海苔切粗条备用。

③ 取一小段菠菜，放上一片章鱼肉，用一条海苔丝包起，食用时蘸酱汁即可。

西芹烩墨鱼

预防便秘＋促进胚胎发育

材料：
西芹200克，墨鱼150克，胡萝卜丝30克，辣椒1个，大蒜末少许

调味料：
盐、水淀粉各适量，橄榄油1大匙

做法：

❶ 墨鱼洗净，用刀轻轻切花后，切片备用。

❷ 西芹洗净切段，辣椒洗净切段，备用。

❸ 橄榄油入锅烧热，爆香大蒜末，加入西芹段，待半熟后，放入胡萝卜丝、辣椒段、墨鱼片，加盐略拌炒，淋入水淀粉勾薄芡即可。

滋补保健功效

西芹富含膳食纤维，可帮助消化，预防便秘，属于高纤维、低热量蔬菜；墨鱼富含蛋白质，能促进胚胎神经系统的发育。

滋补保健功效

芦笋含有丰富的叶酸，怀孕期间多食芦笋，能避免胎儿神经管缺损；叶酸也是制造红细胞的重要成分，多食可预防贫血。

芦笋墨鱼饺

有益胎儿健康＋预防孕妇贫血

材料：
墨鱼浆、芦笋各200克，水饺皮10张

调味料：

Ⓐ 盐1/4小匙，胡椒粉1/6小匙，料酒2小匙，淀粉1大匙

Ⓑ 淀粉少许

Ⓒ 橄榄油适量

做法：

❶ 将调味料 Ⓐ 加入墨鱼浆中拌匀。

❷ 芦笋洗净，去老茎后氽烫备用。

❸ 水饺皮撒上调味料 Ⓑ，铺上墨鱼浆后，再放上芦笋，然后卷起来，两端不用包覆。

❹ 卷好的水饺先蒸熟，再放入有调味料 Ⓒ 的锅中略煎上色即可。

丝瓜炒蛤蜊

益智 + 消除水肿

材料：
蛤蜊600克，丝瓜1根，嫩姜10克，枸杞子适量

调味料：
盐1/4小匙，橄榄油1小匙

做法：
1. 丝瓜削皮，切条；嫩姜切丝；蛤蜊泡水吐沙后洗净。
2. 橄榄油入锅烧热，依序放入丝瓜条、蛤蜊、枸杞子与嫩姜丝快炒，盖上锅盖焖熟后加盐调味即可。

滋 补 保 健 功 效

　　蛤蜊含大量的碘，可促进胎儿生长发育，还具有通乳、消除水肿的作用，适合怀孕初期的女性食用。丝瓜可调节气血、消除水肿。

滋 补 保 健 功 效

　　蛤蜊有滋润五脏、清热利湿、生津止渴的作用；上海青含丰富的叶黄素和β－胡萝卜素，具有抗癌、抗氧化功效，可增强免疫力。

蒜香蛤蜊上海青

滋润五脏 + 清热利湿

材料：
蛤蜊200克，上海青150克，豆腐75克，大蒜片15克

调味料：
盐少许，料酒3大匙，橄榄油1小匙

做法：
1. 上海青洗净，切段；豆腐切块；蛤蜊泡水吐沙后洗净。
2. 橄榄油入锅烧热，爆香大蒜片，加入上海青段、料酒及蛤蜊略炒。
3. 续入豆腐块煮熟，最后加盐调味即可。

酥炸牡蛎

提高免疫力＋活化脑细胞

材料：
去壳牡蛎200克，姜7片，罗勒叶10克

调味料：
香油、米酒、盐各1大匙，红薯粉2大匙

做法：

① 牡蛎加盐轻轻搓揉，用清水冲净后沥干。

② 给牡蛎均匀地裹上红薯粉，再用筛子把多余的红薯粉筛掉。

③ 香油入锅烧热，爆香姜片，放入牡蛎煎炒至熟透，淋上米酒，熄火，加罗勒叶拌匀至香味溢出即可。

滋补保健功效

牡蛎含18种氨基酸、钙、磷、铁、锌、B族维生素和牛磺酸等营养成分，常吃可提高免疫力，其所含的锌有护脑、健脑的作用。

滋补保健功效

牡蛎含有多种能维护人体健康的有效成分，有"海洋牛奶"之称，所含的天然牛磺酸能降血脂、促进幼儿大脑发育，还能安神健脑。

牡蛎豆腐羹

促进发育＋安神健脑

材料：
豆腐、牡蛎各100克，章鱼肉、蛤蜊各50克，高汤500毫升，芹菜段20克

调味料：
酱油、淀粉、盐各少许

做法：

① 牡蛎洗净，豆腐切片，蛤蜊泡水吐沙。

② 将章鱼肉、蛤蜊加入酱油、淀粉抓腌。

③ 高汤放入砂锅煮沸，加入豆腐片煮5分钟，续入牡蛎、章鱼肉、蛤蜊煮沸，加上芹菜段略煮，加盐调味即可。

芥蓝牛肉

高钙高纤 + 补血强身

材料：

芥蓝200克，牛肉片150克，胡萝卜片、辣椒片各20克，水淀粉适量

调味料：

Ⓐ 蚝油4大匙，白糖1大匙，水适量，淀粉少许
Ⓑ 盐、白糖、淀粉、酱油、米酒、香油各适量

做法：

❶ 牛肉片加入调味料Ⓑ，腌渍约半小时备用。

❷ 芥蓝洗净后汆烫，捞起切段装盘。

❸ 将调味料Ⓐ炒匀成酱汁，续入牛肉片拌炒，加入胡萝卜片、辣椒片炒匀，起锅前用水淀粉勾薄芡，淋在芥蓝段上即可。

滋补保健功效

　　芥蓝是高钙高纤的蔬菜；牛肉含有丰富的蛋白质、脂肪、维生素B_1、维生素B_2和铁，可增强免疫力，还具有补血的功效。

百合炒牛肉

清心润肺 + 增强体力

材料：

百合80克，莲子30克，牛肉片60克，葱段10克，姜片少许

调味料：

橄榄油、盐各适量

做法：

❶ 莲子、牛肉片洗净；百合泡水，洗净备用。

❷ 橄榄油入锅烧热，爆香葱段、姜片，加入牛肉片以大火快炒，续入百合、莲子翻炒，加盐调味即可。

滋补保健功效

　　百合可润肺清心，具有滋补、凝神养心的功效；莲子可清心养胃；牛肉能增强孕妇体力。此道菜肴可调和孕妇不安的情绪，增强体力。

蘑菇烧牛肉

增强免疫力＋健脑益智

材料：
蘑菇300克，牛肉100克，辣椒10克，红葱头5克

调味料：
盐1/2小匙，低盐酱油1小匙，胡椒粉1/6小匙，橄榄油适量

做法：
❶ 蘑菇、牛肉、红葱头和辣椒洗净，切片备用。
❷ 橄榄油入锅烧热，爆香蘑菇片和红葱头片，再加牛肉片和辣椒片略炒。
❸ 加入调味料炒熟即可。

滋 补 保 健 功 效
　　蘑菇含有蛋白质、B族维生素、维生素D和锌，有助于增强免疫力、预防疾病，有益于胎儿智力发育，适合在妊娠第一期食用。

山药炒羊肉

益血补身＋促进消化

材料：
山药100克，羊肉片150克，鸡蛋2个，胡萝卜10克，香菜叶适量

调味料：
盐适量，橄榄油1大匙

做法：
❶ 山药、胡萝卜洗净，去皮，切条，入沸水烫熟备用。
❷ 鸡蛋打散后，入油锅炒至半凝固，起锅备用。
❸ 橄榄油入锅烧热，放入羊肉片炒熟，续入山药条、胡萝卜条、鸡蛋拌炒，加盐调味后盛盘，放上洗净的香菜叶装饰即可。

滋 补 保 健 功 效
　　山药能滋补身体、促进消化；羊肉含有大量的蛋白质、钙，且含铁量比猪肉、牛肉高，脂肪含量则较低，对人体有很好的补益作用。

49

木须炒肉丝

促进胃肠蠕动 + 预防贫血

材料：
干黑木耳5克，蒜苗1根，猪肉、黄瓜各50克，
姜2片

调味料：
橄榄油2小匙，盐1/4小匙，酱油、米酒各1小匙

做法：
① 所有材料洗净。猪肉、黄瓜、姜切丝；蒜苗
切斜片；干黑木耳泡软，去蒂切丝。
② 橄榄油入锅烧热，加猪肉丝翻炒至肉色变白
后，续入姜丝、蒜苗片、盐、酱油、米酒一
起拌炒。
③ 放入黑木耳丝、黄瓜丝炒熟即可。

滋 补 保 健 功 效
　　黑木耳富含膳食纤维、维生
素与矿物质，能促进胃肠蠕动；
黄瓜营养丰富；猪肉蛋白质含量
高，有助于预防贫血。

黄瓜炒肉片

利尿消肿 + 清热降火

材料：
小黄瓜100克，猪瘦肉50克，葱段10克

调味料：
酱油2大匙，淀粉、盐各1小匙，米酒、橄榄油
各1大匙

做法：
① 小黄瓜洗净，切成滚刀块；猪瘦肉洗净，切
片，放入酱油、淀粉与盐拌匀腌渍片刻。
② 橄榄油入锅烧热，放入猪瘦肉片与葱段，以
大火快炒。
③ 猪瘦肉片炒至八分熟时，放入小黄瓜块一起
拌炒，淋入米酒拌炒即可。

滋 补 保 健 功 效
　　小黄瓜富含蛋白质、糖类、
维生素A、B族维生素、维生素C、
维生素E、多种矿物质、膳食纤
维，具有清热降火、利尿消肿等
作用。

菠萝黑木耳猪颈肉

消除疲劳＋缓解便秘

材料：
黑木耳、猪颈肉各200克，菠萝块100克，红椒块50克，鸡蛋1个（取蛋清），姜丝、水、香菜各适量

调味料：
酱油、料酒各1大匙，橄榄油、盐、香油、淀粉各适量

做法：
1. 猪颈肉切薄片，加入蛋清、淀粉、少许酱油腌渍片刻；黑木耳汆烫后捞出。
2. 橄榄油入锅烧热，放入姜丝、红椒块略炒，加入酱油、水、料酒烧煮至滚，续放黑木耳、猪颈肉片拌炒至熟，加盐调味。
3. 以水淀粉勾芡，放入菠萝块略炒，起锅前淋入香油，盛盘后放上洗净的香菜装饰即可。

滋补保健功效
菠萝含维生素B_1，可消除疲劳、增进孕妇食欲。黑木耳中的膳食纤维具有软便的功效，能改善孕期常见的便秘问题。

红曲猪蹄

强筋健骨＋帮助消化

材料：
猪蹄1只，红曲2大匙，姜片、罗勒叶各适量，大蒜（去皮）2瓣

调味料：
八角、酱油、料酒、冰糖和水各适量

做法：
1. 猪蹄洗净，切块，用沸水汆烫，捞出泡冷水，备用。
2. 将红曲、姜片、大蒜及所有调味料加水煮开，放入猪蹄，以小火焖卤至猪蹄软烂，盛盘后放上洗净的罗勒叶装饰即可。

滋补保健功效
猪蹄含丰富的胶原蛋白，可滋润皮肤，且有助于乳汁分泌；红曲能促进血液循环，与肉类共煮，具有助消化的作用。

彩椒鸡柳

提高免疫力＋增强脑力

材料：
青椒、红椒、黄椒各1/2个，鸡肉300克

调味料：
淀粉、盐、酱油各少许，橄榄油1大匙

做法：
❶ 青椒、红椒、黄椒、鸡肉洗净，切条备用。
❷ 将鸡肉条加淀粉、酱油拌匀腌渍。
❸ 将橄榄油入锅烧热，放入鸡肉条拌炒至熟，续入青椒条、红椒条、黄椒条拌炒均匀，加盐调味即可。

滋补保健功效
　　青椒富含维生素A、维生素C，可增强身体的抵抗力；红椒、黄椒含胡萝卜素，具有抗氧化和提高免疫力的功效。

豌豆炒鸡丁

促进代谢＋抗菌消炎

材料：
豌豆仁、玉米粒各100克，鸡胸肉150克，水、葱花、香菜各适量

调味料：
淀粉1小匙，橄榄油1大匙，盐、胡椒粉、香油各少许

做法：
❶ 鸡胸肉切丁，加淀粉、水稍微抓腌；豌豆仁、玉米粒洗净，氽烫备用。
❷ 橄榄油入锅烧热，放入腌过的鸡胸肉丁拌开，再捞起备用。
❸ 爆香葱花，放入鸡胸肉丁、豌豆仁和玉米粒拌炒，加盐、胡椒粉与香油调味，盛盘后放上洗净的香菜装饰即可。

滋补保健功效
　　豌豆具有抗菌消炎的功效；玉米与富含离氨酸的豌豆混合食用，可以发挥蛋白质互补的作用，增强营养吸收。

开洋白菜

缓解孕吐 + 润肠通便

材料：

大白菜200克，香菇3朵，虾米20克，葱段、大蒜末、辣椒丝各少许

调味料：

胡椒粉、水淀粉各少许，盐1/4小匙，黑醋1小匙，橄榄油2小匙

做法：

❶ 大白菜洗净、切片，香菇泡水变软后切丝，虾米泡水后沥干。

❷ 橄榄油入锅烧热，爆香大蒜末、葱段与辣椒丝，加入虾米、香菇炒至溢出香味后，再加入大白菜炒至微软。

❸ 加入剩余调味料，略炒即可。

滋 补 保 健 功 效

大白菜含维生素 C 和丰富的膳食纤维，对孕期便秘有改善作用，并有镇痛作用，还可缓解孕吐症状。

滋 补 保 健 功 效

大白菜可调理胃肠，促进体内代谢废物的排出；富含维生素C，和可补充元气的猪肉一起食用，有助于消除疲劳，补充体力。

碧玉白菜卷

消除疲劳 + 补充体力

材料：

大白菜5片，猪肉片100克，榨菜20克，水100毫升，干金针菜5根

调味料：

盐、米酒各1小匙

做法：

❶ 大白菜洗净，干金针菜洗净泡发，榨菜切丝备用。

❷ 取锅加盐和水煮开后，放入大白菜转小火煮3分钟，捞出沥干，汤汁留用；在大白菜上铺猪肉片、榨菜丝，慢慢卷起，用金针菜捆住。

❸ 将白菜卷、米酒、少许盐放入步骤❷的汤锅中，煮至沸腾后，转小火焖5分钟取出，食用时淋上汤汁即可。

53

鲜炒圆白菜

营养开胃＋补充钙质

材料：
胡萝卜、香菇各50克，圆白菜100克

调味料：
盐1/4小匙，橄榄油1小匙

做法：

❶ 全部食材洗净，圆白菜切块，胡萝卜去皮、切花片，香菇切片备用。

❷ 橄榄油入锅烧热，放入胡萝卜片、香菇片，炒至溢出香味后，加入圆白菜块和调味料，翻炒拌匀即可。

滋补保健功效

圆白菜热量低，开胃且易有饱腹感；所含维生素K可以帮助人体吸收钙、维生素D，是预防骨质疏松不可或缺的营养成分。

枸杞子炒圆白菜

预防贫血＋利尿消肿

材料：
圆白菜400克，枸杞子10克，水适量

调味料：
盐1/2小匙，胡椒粉少许，橄榄油2小匙

做法：

❶ 圆白菜剥开叶片，洗净，切片；枸杞子泡水片刻，备用。

❷ 橄榄油入锅烧热，放入圆白菜片、调味料、适量水翻炒至熟软，最后加入枸杞子炒匀即可。

滋补保健功效

圆白菜富含维生素C，可促进枸杞子中铁的吸收，使脸色红润，还能预防贫血；枸杞子可明目解毒、利尿消肿，适合孕期女性食用。

圆白菜炒虾仁

预防骨质疏松＋润肠通便

材料：
虾仁20克，圆白菜300克，水适量

调味料：
酱油、米酒各1/2小匙，香油、橄榄油各1小匙，胡椒粉1/6小匙

做法：
1. 圆白菜洗净，撕成小片；虾仁去肠泥，洗净备用。
2. 橄榄油入锅烧热，爆香虾仁，加入所有调味料炒匀。
3. 放入圆白菜片及适量水，拌炒至熟即可。

滋 补 保 健 功 效

圆白菜富含维生素、膳食纤维和各种矿物质，可预防孕妇便秘；所含维生素K可帮助人体吸收钙、维生素D，预防骨质疏松。

滋 补 保 健 功 效

菠菜含有丰富的叶酸，可调节内分泌系统、稳定情绪；孕妇食用菠菜，有益于胎儿大脑神经发育、预防先天性缺陷。

河虾拌菠菜

稳定情绪＋促进胎儿发育

材料：
菠菜300克，河虾20克，大蒜末少许

调味料：
酱油、醋、料酒各1大匙，味噌2大匙，橄榄油、香油各少许

做法：
1. 河虾和菠菜洗净，菠菜切段备用。
2. 橄榄油入锅烧热，爆香大蒜末，先放入河虾，再加入菠菜段一起炒热。
3. 把所有调味料混合放入步骤2的锅中，拌炒均匀即可。

腐皮炒菠菜

维持肤色 + 预防便秘

材料：
菠菜、腐皮各150克，姜1片，大蒜（去皮）1瓣

调味料：
酱油1/2小匙，白糖、盐、米酒各少许，橄榄油2小匙

做法：

1. 菠菜洗净，切段，入沸水氽烫后捞起；姜片、大蒜切末。
2. 腐皮切条，加入米酒、酱油、姜末拌匀，放置10分钟。
3. 橄榄油入锅烧热，爆香大蒜末，依序放入腐皮条、菠菜段拌炒均匀，加盐、白糖调味即可。

滋 补 保 健 功 效

菠菜有助于清除体内代谢废物，防止便秘，具有润肠通便的功效；所含维生素C能抑制黑色素沉淀，维持健康的肤色。

凉拌菠菜

帮助消化 + 补充叶酸

材料：
菠菜200克，大蒜末少许

调味料：
酱油、香油各1大匙，白糖少许

做法：

1. 菠菜切除根部，洗净，氽烫后放入冷开水中泡凉，捞起沥干，切成小段。
2. 将调味料和大蒜末一起搅拌均匀，淋在菠菜段上即可。

滋 补 保 健 功 效

菠菜中叶酸含量丰富，可帮助消化、补血。建议女性可从怀孕前期开始，每日补充200毫克叶酸，直至妊娠第12周，有助于胎儿发育。

虾酱菠菜

补血养身＋补铁补钙

材料：
虾壳50克，菠菜350克，辣椒10克

调味料：
盐1/2小匙，橄榄油1大匙

做法：

❶ 将虾壳以220℃烤酥，再加入橄榄油拌匀，即成虾酱。

❷ 菠菜洗净，切段；辣椒洗净，切薄片。

❸ 炒锅中放入虾酱，再加入菠菜段、辣椒片及盐拌炒均匀即可。

滋补保健功效

　　菠菜除含有丰富的铁、叶酸外，还富含叶黄素、维生素A、维生素C、锰、镁、钙，适合贫血的孕妇食用。

滋补保健功效

　　菠菜除了可帮助排便、强健骨骼，所含维生素C还能提高铁的吸收率，并促进铁与造血的叶酸共同作用，从而预防贫血。

五香豆干菠菜卷

强健骨骼＋预防贫血

材料：
菠菜200克，春卷皮2张，五香豆干细条30克，熟芝麻5克

调味料：
酱油、陈醋各1大匙，橄榄油1小匙，芥末、盐、白糖各1/4小匙，胡椒粉1/6小匙，苹果泥、洋葱泥各2小匙

做法：

❶ 将所有调味料混合均匀，制成和风酱。

❷ 菠菜洗净，去根，汆烫后冰镇，沥干并用纸巾吸干水分。

❸ 将菠菜段、五香豆干细条及熟芝麻以春卷皮卷紧，切成段，蘸和风酱或淋上和风酱即可。

芥菜鲂仔鱼

补充叶酸 + 增加钙质

材料:

芥菜250克, 鲂仔鱼50克, 大蒜2瓣, 红辣椒丝少许, 高汤120毫升

调味料:

胡椒粉、盐各少许, 水淀粉、橄榄油各1大匙

做法:

1. 芥菜洗净切段, 汆烫后捞起; 大蒜去皮, 切片。
2. 橄榄油入锅烧热, 将大蒜片爆香, 放入鲂仔鱼、高汤, 将高汤煮至沸腾。
3. 续入芥菜段炒匀, 加入胡椒粉、盐调味, 加入少许水淀粉勾芡, 待滚后起锅, 用红辣椒丝稍加装饰即可。

滋补保健功效

芥菜含丰富的叶酸, 可预防胎儿先天性缺陷。鲂仔鱼能提供丰富的钙、维生素C、维生素D, 保护孕妇牙齿、骨骼, 增强修复功能。

滋补保健功效

龙须菜含有丰富的维生素A、维生素B₁、维生素B₂、叶酸, 以及铁、钙, 能清热消肿、帮助消化, 是有利于孕早期胎儿发育的健康食物。

蒜香龙须菜

清热消肿 + 帮助消化

材料:

龙须菜150克, 干香菇2朵, 大蒜2瓣

调味料:

橄榄油1大匙, 盐1/2小匙, 米酒1小匙

做法:

1. 龙须菜洗净, 切段; 干香菇泡软, 去蒂切片; 大蒜去皮, 切末。
2. 橄榄油入锅烧热, 爆香大蒜末, 再加入龙须菜段、香菇片炒熟。
3. 加盐、米酒调味即可。

红丝绿豆藕饼

清热解毒＋预防水肿

材料：
绿豆20克，胡萝卜100克，莲藕300克，黄甜椒1条，欧芹适量

调味料：
白糖2小匙

做法：
① 绿豆洗净，泡水一晚备用。

② 将绿豆蒸熟，捣成泥；胡萝卜洗净，切碎，两者加白糖调匀。

③ 莲藕洗净去皮，切开靠近藕节的一端，将绿豆胡萝卜泥塞入藕洞，至填满为止，煮熟后切片，盛盘后放上黄甜椒条和洗净的欧芹装饰即可。

滋补保健功效

　　莲藕含有丰富的维生素、蛋白质、淀粉、钙、磷、铁等营养成分，食用价值非常高，具有清热、解毒和利水的功效。

醋拌莲藕

滋润胃肠＋补血助眠

材料：
香菜末、红辣椒末各10克，莲藕300克，柠檬汁、香菜各适量

调味料：
盐1/4小匙，白糖1小匙

做法：
① 莲藕用百洁布搓洗干净，去除藕节、皮，切成圆薄片。

② 将莲藕片放入沸水中汆烫片刻后捞出，以冷开水冲凉。

③ 加入调味料，淋上柠檬汁，撒上香菜末、红辣椒末，拌匀后放上洗净的香菜装饰即可。

滋补保健功效

　　莲藕富含淀粉、维生素C及铁，有补血助眠、滋润胃肠的功效。需要注意的是，孕妇不宜生食莲藕。

香菇炒芦笋

预防孕妇水肿 + 促进胎儿发育

材料：
芦笋200克，香菇30克，大蒜2瓣

调味料：
盐1/4小匙，橄榄油1小匙，黑胡椒碎适量

做法：
❶ 香菇切片；大蒜去皮，切片。
❷ 芦笋洗净，切段，放入沸水中汆烫至熟后捞起，沥干水分备用。
❸ 橄榄油入锅烧热，爆香大蒜片、香菇片，放入芦笋段拌炒，再加盐调味，撒上黑胡椒碎即可。

滋 补 保 健 功 效
　　芦笋营养丰富，所含叶酸是怀孕初期最需补充的营养成分，可促进胎儿神经系统发育，避免孕妇出现贫血和水肿症状。

三文鱼芦笋沙拉

补充叶酸 + 强健体质

材料：
生菜、芦笋各120克，熟三文鱼、小西红柿各50克

调味料：
低脂酸奶2小匙，葡萄干1小匙

做法：
❶ 所有材料洗净。生菜沥干水分，剥片；小西红柿对切。
❷ 芦笋烫熟后切段；熟三文鱼压碎，备用。
❸ 将葡萄干和低脂酸奶拌匀。
❹ 盘中依序铺上生菜片、芦笋段、三文鱼碎、小西红柿块，最后淋上拌入葡萄干的低脂酸奶即可。

滋 补 保 健 功 效
　　芦笋含有丰富的叶酸、多种维生素和微量元素，是孕妇补充叶酸的好选择。此道菜还具有强健体质的作用。

黑木耳炒芦笋

帮助肠道通畅 + 强健骨骼

材料：
芦笋300克，金针菇、黑木耳、红辣椒各50克

调味料：
盐、香油、黑胡椒粉各1小匙，米酒1大匙，橄榄油适量

做法：

1. 芦笋洗净，切成约5厘米长的段，汆烫后捞起备用。
2. 红辣椒洗净，去籽，切丝；黑木耳洗净，切丝；金针菇洗净，切段备用。
3. 橄榄油入锅烧热，倒入红辣椒丝、黑木耳丝、金针菇段炒熟，再加入芦笋段与调味料，拌炒均匀即可。

滋 补 保 健 功 效

　　芦笋、红辣椒能保护脑细胞；金针菇含有丰富的膳食纤维及多糖，有助于肠道通畅。此道菜肴兼具护脑、强健骨骼的功效。

坚果拌芦笋

补充叶酸 + 预防胎儿缺陷

材料：
开心果仁20克，芦笋300克，葱末、西红柿丁各适量

调味料：
盐1/4小匙，胡椒粉1/6小匙，香油1/2小匙，橄榄油适量

做法：

1. 将开心果仁敲碎。
2. 芦笋洗净，去皮，切段，放入沸水汆烫，沥干备用。
3. 橄榄油入锅烧热，放入芦笋段翻炒，续入所有调味料拌炒，最后撒上开心果碎粒、葱末、西红柿丁即可。

滋 补 保 健 功 效

　　芦笋含有膳食纤维、叶酸、氨基酸、维生素A、维生素C。研究发现，补充叶酸，可降低女性怀孕时胎儿发生神经管缺损的概率。

香蒜南瓜

润泽皮肤＋补血抗老

材料：
南瓜1个，大蒜片10克，枸杞子、欧芹各适量

调味料：
醋1小匙，黑胡椒粉适量，橄榄油、黄芥末各2小匙

做法：
1. 南瓜洗净，去皮去瓤，切块，铺于浅盘上，放入电饭锅蒸至熟软备用。
2. 橄榄油入锅烧热，爆香大蒜片，加入调味料后稍加搅拌。
3. 将步骤2的调味料均匀淋在南瓜块上，放上洗净的欧芹和枸杞子即可。

滋补保健功效
南瓜具有补血抗老、防癌和提高免疫力的功效，能滋养胃肠，清除代谢废物，保持皮肤光滑细嫩。

凉拌梅香南瓜片

抗氧化＋稳定情绪

材料：
南瓜半个，梅汁1碗，去籽梅肉6粒，香菜适量

调味料：
盐1小匙

做法：
1. 南瓜洗净，去皮去瓤后，切成薄片，加盐调味，轻轻搅拌。
2. 待南瓜片软化后，沥除渗出的水，蒸熟备用。
3. 将梅汁和去籽梅肉拌入南瓜片中，撒上洗净的香菜即可。

滋补保健功效
南瓜具有稳定情绪及消除紧张情绪的作用。这道菜可增强免疫力，并有良好的抗氧化作用，能延缓衰老。

奶酪焗烤土豆

缓解孕吐 + 稳定情绪

材料：
土豆片300克，火腿2片，鲜奶油、奶酪丝各20克，洋葱丝50克，大蒜2瓣

调味料：
盐、黑胡椒粉各少许

做法：

① 大蒜去皮，切粒；火腿切丁，备用。

② 取一烤盘，将土豆片、洋葱丝、大蒜粒、火腿丁依次撒上盐、黑胡椒粉调味，加入鲜奶油至容器一半高度。

③ 将步骤②的材料放入烤箱，以210℃烤30分钟后取出，在表面撒满奶酪丝后，续烤10分钟，至奶酪丝熔化即可。

滋 补 保 健 功 效
土豆含有丰富的维生素B6、维生素C，对于缓解怀孕初期厌油腻、孕吐，有很好的作用；富含的钙和磷能稳定情绪。

滋 补 保 健 功 效
土豆富含多种人体必需的氨基酸，可促进人体生长发育。西红柿含有维生素A，是细胞分化及胎儿发育必需的营养成分。

焗烤西红柿镶薯泥

促进发育 + 提高营养

材料：
西红柿2个，土豆1个，洋葱丁少许，奶酪丝、香菜各适量

调味料：
欧芹末、盐各适量

做法：

① 土豆洗净，去皮切片；西红柿洗净，以刀尖在蒂头下1/4处切开，挖出果肉，西红柿盅备用；西红柿果肉搅碎，加盐拌成酱汁备用。

② 土豆片放入蒸锅蒸熟，捣成泥，与洋葱丁拌匀，填入西红柿盅内略压，撒上奶酪丝，放入烤箱以180℃烤8分钟。

③ 烤熟后取出，撒上切碎的欧芹末，放上洗净的香菜，食用时淋上酱汁即可。

双椒咖喱茄子

延缓衰老＋稳定血压

材料：
胡萝卜片、青椒片各30克，茄子段300克，大蒜粒（去皮）15克，红辣椒片10克，水适量

调味料：
咖喱粉、橄榄油各1小匙

做法：
1. 橄榄油入锅烧热，将大蒜粒爆香，放入胡萝卜片略炒，加入茄子段拌炒。
2. 续入适量水及咖喱粉后煮沸。
3. 放入青椒片、红辣椒片煮熟即可。

滋 补 保 健 功 效

　　茄子含有糖类、蛋白质、脂肪、膳食纤维、多种维生素和钙、磷、铁、钾，以及丰富的胡萝卜素，能延缓衰老、稳定血压。

橘香紫苏茄

降低胆固醇＋利尿解毒

材料：
紫苏叶20克，茄子100克

调味料：
金橘酱2大匙

做法：
1. 茄子洗净，切成小段，泡水3分钟。
2. 将茄子段放入蒸锅中蒸熟。
3. 将茄子段放入铺有紫苏叶的盘中，食用时用紫苏叶包裹茄子段，蘸金橘酱即可。

滋 补 保 健 功 效

　　茄子含有皂苷，能降低血液中的胆固醇，且热量低，易有饱腹感；紫苏具有发汗解表、健胃、利尿解毒的功效，能促进新陈代谢。

四季豆烩油豆腐

补充营养＋造血补血

材料：
四季豆150克，豆芽菜50克，油豆腐100克，水1杯

调味料：
酱油2小匙，盐1/6小匙，七味粉少许

做法：

❶ 四季豆洗净，去老筋，切段；油豆腐切块备用。

❷ 锅中放入酱油、盐及水，混匀略煮。

❸ 先放入油豆腐块煮4分钟，再加入四季豆段及洗净的豆芽菜煮熟。

❹ 将油豆腐块、四季豆段、豆芽菜盛盘，最后撒上七味粉即可。

滋 补 保 健 功 效

　　四季豆富含蛋白质、维生素C、膳食纤维；还含有丰富的铁，具有造血、补血的作用，有助于补充营养和改善贫血症状。

滋 补 保 健 功 效

　　四季豆可补铁；其所含的维生素C能帮助机体吸收铁；富含维生素A，与油脂一同烹煮，有助人体吸收。

干煸四季豆

补铁＋补充维生素

材料：
冬菜末、小虾米各1/4小匙，四季豆200克，猪肉末50克，葱3根

调味料：
酱油1/2小匙，白糖、醋各1/4小匙，橄榄油1小匙

做法：

❶ 葱洗净，切花；四季豆洗净，去老筋，放入油锅炸至微干后捞起备用。

❷ 橄榄油入锅烧热，放入冬菜末、小虾米、猪肉末炒香，续入四季豆一起焖煮至干。

❸ 加入酱油、白糖拌炒，起锅前撒上葱花，滴入醋提味即可。

三色四季豆

预防便秘 + 消除水肿

材料：

四季豆300克，红辣椒40克，白果20克，青豆仁30克

调味料：

西红柿酱2大匙，白醋、白糖各1大匙，盐、香油各少许，橄榄油2小匙

做法：

1 将所有材料洗净沥干；四季豆去老筋后切成粒，红辣椒切粒备用。

2 分别将四季豆粒、白果、青豆仁入沸水氽烫，捞起后沥干。

3 橄榄油入锅烧热，放入四季豆粒、白果、青豆仁快炒，续入红辣椒粒及调味料，拌炒至熟即可。

滋 补 保 健 功 效

四季豆含膳食纤维，能促进胃肠蠕动、预防便秘；白果有化痰止咳、排水利尿之效。此道菜肴有助于消除孕期水肿。

红丝豌豆荚

补充蛋白质 + 促进发育

材料：

豌豆荚、胡萝卜各100克，红辣椒10克，水适量

调味料：

料酒、白糖、酱油、香油各1小匙

做法：

1 豌豆荚洗净，去老筋；胡萝卜洗净，去皮切丝；红辣椒洗净，切斜片。

2 炒锅加入胡萝卜丝及适量水略煮，再加调味料煮2分钟。

3 加入豌豆荚、红辣椒片炒匀即可。

滋 补 保 健 功 效

豌豆荚是植物性蛋白质的优质来源，蛋白质含量和蛋类相似；豌豆荚还富含叶酸，有助于婴幼儿的神经细胞和脑细胞发育。

冬菇烩玉米笋

清理肠道＋清除毒素

材料：
豌豆荚、玉米笋各100克，冬菇150克，辣椒
1根

调味料：
水淀粉1大匙，盐1小匙，胡椒粉1/2小匙，橄榄
油2小匙

做法：
1. 冬菇洗净后泡软；豌豆荚洗净；玉米笋洗净
   后对切；辣椒洗净，去籽切片。
2. 橄榄油入锅烧热，爆香辣椒片，放入冬菇、
   豌豆荚、玉米笋拌炒，续入盐、胡椒粉炒匀。
3. 倒入水淀粉勾芡，煮沸即可。

滋补保健功效
　　冬菇及豌豆富含膳食纤维，
可避免毒素滞留在体内，有助于
排便顺畅，拥有好气色。

酥炸梅肉香菇

缓解孕吐＋提高免疫力

材料：
腌渍梅子6粒，香菇6朵

调味料：
盐1/2大匙，米酒3大匙，酱油、淀粉各1大匙，
橄榄油适量

做法：
1. 腌渍梅子去核切丁，加入盐、米酒和酱油调
   味；香菇洗净，去蒂备用。
2. 把梅肉填入香菇凹陷中。
3. 淀粉加水调成面糊，将填满梅肉的香菇蘸满
   面糊。
4. 橄榄油入锅烧热，将香菇放入炸熟即可，可
   根据自己的喜好摆盘装饰。

滋补保健功效
　　梅子中的多种有机酸能促进
胃肠消化，改善便秘症状，并有
助于缓解孕吐；香菇能提高人体
免疫力，增强抗病能力。

凉拌千叶豆腐

低脂高蛋白＋预防骨质疏松

材料：

千叶豆腐块100克，黄瓜块、胡萝卜块各30克，红辣椒片40克，香菜适量

调味料：

香油、盐各1/4小匙

做法：

1. 将千叶豆腐块、黄瓜块、胡萝卜块氽烫后沥干，备用。
2. 将所有调味料和红辣椒片与步骤❶的材料一起拌匀，放上洗净的香菜即可。

滋补保健功效

豆腐是低热量、低脂肪、高蛋白质的健康食材；其含钙量高，富含植物雌激素，对防治骨质疏松症有一定的效果。

黄金咖喱什锦豆

消除疲劳＋润滑肠道

材料：

黄豆50克，花豆、毛豆仁、玉米粒各30克，洋葱20克，水3杯

调味料：

咖喱1/4小块，橄榄油1小匙

做法：

1. 将黄豆和花豆洗净，分别泡水3小时，再蒸熟沥干；洋葱切小丁。
2. 热油锅，加入洋葱丁爆香。
3. 续入3杯水煮沸，放咖喱块煮匀，最后加黄豆、花豆、毛豆仁、玉米粒煮熟即可。

滋补保健功效

黄豆营养丰富，含天然抗氧化剂维生素E，能消除疲劳、促进生长、抗老防癌；所含膳食纤维可润滑肠道，预防便秘。

芝麻虾味浓汤

滋补肝肾 + 润泽五脏

材料：
黑芝麻10克，虾壳100克，四季豆50克，脱脂鲜牛奶100毫升，水适量

调味料：
盐1/4小匙，胡椒粉少许

做法：
❶ 黑芝麻用烤箱烤熟；虾壳用烤箱烤至香酥；四季豆洗净，切丁备用。

❷ 脱脂鲜牛奶和水以小火煮沸，加入步骤❶的材料和调味料煮熟即可。

滋补保健功效

芝麻富含不饱和脂肪酸、钙、维生素 B_1、维生素 B_2、铁，能滋补肝肾、润泽五脏，是相当滋补的食材。

滋补保健功效

孕妇多吃银鱼可补钙。紫菜富含铁、钙、磷，能补血、促进胃肠功能；富含B族维生素，可促进胎儿神经发育。

银鱼紫菜羹

补钙 + 促进胎儿神经发育

材料：
银鱼100克，紫菜1片，鸡蛋1个，高汤、姜丝、葱末各适量

调味料：
盐、白糖各1/4小匙，香油适量

做法：
❶ 紫菜泡水，散开后沥干水分；银鱼洗净；鸡蛋打散。

❷ 汤锅加入高汤煮沸，放入银鱼煮沸后，续入紫菜、姜丝和盐、白糖。

❸ 再次煮沸后，加入蛋汁、香油、葱末，拌匀即可。

红豆鲤鱼汤

健脾利水 + 解毒消肿

材料：
鲤鱼100克，红豆40克，大蒜8瓣，水8杯

调味料：
盐1小匙

做法：
① 鲤鱼洗净，去鳞切块；大蒜去皮，拍碎。
② 红豆洗净，放入清水中浸泡约1小时，捞出，沥干水分。
③ 水倒入锅中煮沸，加入全部材料煮开，转小火熬约2小时。
④ 加盐调味即可。

滋 补 保 健 功 效

　　鲤鱼含有丰富的蛋白质、铁、钙及多种维生素，具有利尿消肿的作用；红豆健脾利水、解毒消肿，能改善孕期水肿。

红鲔味噌汤

提振食欲 + 补充营养

材料：
红鲔鱼300克，豆腐1盒，葱花、水、味噌各适量

调味料：
盐适量

做法：
① 红鲔鱼、豆腐分别洗净，切块备用。
② 汤锅加水煮沸后，放入豆腐块、红鲔鱼块。
③ 将味噌加水搅匀加入汤锅中，煮沸后撒入葱花、盐搅匀即可。

滋 补 保 健 功 效

　　红鲔鱼含有钙、蛋白质等多种营养成分，味噌能促进新陈代谢，这道菜肴既可补充妊娠时孕妇所需的营养，又能提振食欲。

莲藕金枪鱼汤

活化脑细胞＋保护血管

材料：
带皮金枪鱼150克，姜20克，胡萝卜、莲藕、牛蒡各40克，水适量

调味料：
料酒、酱油各1大匙，白糖1½大匙

做法：

① 带皮金枪鱼去骨切小块；胡萝卜、莲藕去皮，和牛蒡分别洗净，切片备用。

② 姜切丝备用。

③ 汤锅中加入金枪鱼块、胡萝卜片、莲藕片、牛蒡片、调味料及适量水略煮。

④ 加入姜丝，以中火煮6～7分钟即可。

滋补保健功效

金枪鱼富含EPA和DHA，前者可促进血液循环，后者可活化脑细胞、保护视网膜，是孕期不可缺少的营养成分。

三文鱼洋葱汤

预防早产＋促进孕妇健康

材料：
三文鱼200克，洋葱50克，水、葱末各适量

调味料：
味噌、白糖、料酒各1大匙

做法：

① 三文鱼去骨切块；洋葱切成圈，备用。

② 锅中加入适量水，放入三文鱼块、洋葱圈。

③ 将调味料混合后，加入三文鱼块和洋葱圈，以小火煮沸，撒上葱末即可。

滋补保健功效

三文鱼含有丰富的叶酸，是怀孕初期重要的营养成分。充足的叶酸，能减少孕妇出现贫血、倦怠、记忆力衰退的情况，也可以预防胎儿早产。

紫菜玉米排骨汤

改善便秘 + 促进新陈代谢

材料：
紫菜10克，排骨100克，玉米50克，水适量

调味料：
盐、胡椒粉各1/6小匙

做法：
① 紫菜剪小段；排骨、玉米剁成块，备用。
② 排骨放入沸水中氽烫后取出，以凉水冲净杂质。
③ 汤锅加入适量水，放入排骨块熬煮50分钟。
④ 汤锅续入玉米块熬煮40分钟，最后放入紫菜段和调味料略煮即可。

滋补保健功效

　　紫菜富含蛋白质，且易消化吸收；所含膳食纤维能促进肠道健康，改善便秘；所含镁是细胞新陈代谢的重要元素。

苦瓜排骨汤

补充钙质 + 利尿降火

材料：
苦瓜、排骨各300克，姜片15克，百合10克，水1500毫升

调味料：
盐少许

做法：
① 苦瓜洗净去籽，切块，氽烫去除苦味；排骨洗净，切块，氽烫去除血水。
② 在锅中放入苦瓜块、排骨块、姜片、百合和水，用小火熬煮约半小时，加盐调味即可。

滋补保健功效

　　苦瓜的维生素C含量丰富，可利尿降火，调节体内新陈代谢，增强免疫功能；排骨含有钙、蛋白质，可提供孕妇怀孕初期所需营养。

栗子莲藕排骨汤

缓和情绪＋抗衰老

材料：

栗子100克，莲藕300克，排骨块400克，大蒜（去皮）3瓣，姜5片，水800毫升，香菜适量

调味料：

酱油3大匙，米酒、蚝油各1大匙，白糖1小匙

做法：

❶ 莲藕洗净去皮，切块；栗子去皮，洗净备用。

❷ 排骨块氽烫去血水，放入锅中略微煸干，锁住肉汁后捞起备用。

❸ 将全部材料及调味料放入锅中，加水淹过食材，中火煮沸后转小火煮1小时，熄火续闷10分钟即可。

滋 补 保 健 功 效

栗子有"干果之王"的称号，可抗衰老，预防骨质疏松、口腔溃疡；莲藕可补中益气，能舒缓孕妇的焦躁情绪。

胡萝卜炖肉汤

护眼强身＋促进血液循环

材料：

土豆50克，葱段10克，姜片2片，红枣3个，水50毫升，五花肉200克，胡萝卜100克

调味料：

Ⓐ 酱油2大匙，陈醋、白糖、米酒各1小匙

Ⓑ 橄榄油1大匙

做法：

❶ 胡萝卜、土豆洗净，切块；五花肉切块氽烫；红枣洗净。

❷ 调味料Ⓑ入锅烧热，爆香葱段、姜片，加入五花肉块及胡萝卜块、土豆块拌炒，再加入红枣、调味料Ⓐ和水焖煮20分钟即可。

滋 补 保 健 功 效

胡萝卜富含有益胎儿发育所需的营养成分，能提高孕妇的免疫力，改善眼睛疲劳、贫血的症状，还能促进血液循环。

菠菜猪肝汤

改善造血功能＋预防孕吐

材料：
菠菜120克，猪肝80克，姜丝少许，水适量

调味料：
盐1/4匙，米酒1小匙，白胡椒粉、香油各少许

做法：
1. 菠菜洗净，切段；猪肝洗净，切片。
2. 将水煮沸后，加入姜丝、猪肝片略煮片刻，加入菠菜段。
3. 再次煮沸后，加入调味料即可。

滋补保健功效

　　猪肝和菠菜含有叶酸、泛酸、烟酸和铁，能改善孕妇的造血功能；猪肝富含维生素B$_6$，可预防小腿抽筋、孕吐。

南瓜蘑菇浓汤

补血防癌＋提高免疫力

材料：
蘑菇100克，南瓜250克，水少许

调味料：
脱脂鲜牛奶1/2杯，盐1/4小匙，胡椒粉少许

做法：
1. 南瓜洗净，蒸熟后去皮去瓤，切小块；蘑菇洗净。
2. 锅中放入南瓜块和蘑菇，加入脱脂鲜牛奶及少许水一起煮开。
3. 加入盐和胡椒粉调匀即可。

滋补保健功效

　　菌菇类可抗氧化，且富含膳食纤维；南瓜是维生素A的优质来源，也是补血圣品，多吃可提高人体免疫力。

竹荪鸡汤

调节代谢 + 滋补健体

材料：
竹荪40克，鸡腿1只，香菇3朵，姜20克，高汤1000毫升，胡萝卜、水各适量

调味料：
盐1/4小匙，白醋适量

做法：

1. 鸡腿去骨，切块洗净，放入沸水中汆烫捞出；胡萝卜、姜洗净，去皮切片；香菇泡软，去蒂洗净。
2. 竹荪略泡水后切成段，放入添加白醋的沸水中汆烫捞出。
3. 锅中加入高汤煮沸，放入所有材料煮约10分钟，加盐调味即可。

滋 补 保 健 功 效

　　竹荪属于菌菇类食材，性质温和，蛋白质含量高，且富含维生素A、B族维生素，不仅能滋补健体，而且可调节人体的新陈代谢。

红枣乌骨鸡汤

改善便秘 + 提高免疫力

材料：
牛蒡150克，枸杞子30克，乌骨鸡300克，红枣5个，水1000毫升

调味料：
盐适量

做法：

1. 牛蒡去皮洗净，切块；乌骨鸡洗净，切块；红枣洗净。
2. 锅中放入牛蒡块、乌骨鸡块和枸杞子、红枣、水，煮约30分钟。
3. 加盐调味即可。

滋 补 保 健 功 效

　　枸杞子可健脑，提高免疫力；牛蒡富含寡糖及膳食纤维，可消除胀气，改善孕期便秘，但其性寒，孕妇不宜大量食用。

金针鸭肉汤

改善便秘＋增强视力

材料：

鸭1/2只，金针菜40克，老姜50克，水1500毫升，香菜适量

调味料：

盐1/4小匙，米酒1大匙

做法：

❶ 鸭剁小块，以沸水汆烫捞出，洗净备用。

❷ 金针菜撕开洗净，去蒂打结；老姜去皮，洗净，切片备用。

❸ 将鸭肉块、金针菜、老姜片、水及调味料一起放入锅中煮熟，盛碗后放上洗净的香菜即可。

滋补保健功效

　　金针菜富含维生素A、膳食纤维，颇具食疗价值，能促进胃肠蠕动，还有增强视力的功效。孕妇多吃金针菜，可有效改善便秘。

滋补保健功效

　　山药可保护胃黏膜，增进食欲，改善胃肠消化功能。三文鱼富含钙、铁、蛋白质与DHA，可提供孕妇及胎儿所需营养。

山药虫草三文鱼汤

补充营养＋保护胃黏膜

材料：

山药30克，冬虫夏草20克，三文鱼50克，香菇2朵，葱1根，高汤30毫升

调味料：

盐1/4小匙，水淀粉2小匙，香油少许，橄榄油1大匙

做法：

❶ 三文鱼洗净，切块；香菇洗净，切丁；山药去皮洗净，切丁；葱洗净，切段。

❷ 橄榄油入锅烧热，爆葱段、香菇丁，续入三文鱼块、山药丁、冬虫夏草、高汤煮沸后，转小火续煮。

❸ 放盐调味，起锅前加水淀粉勾芡，滴入香油即可。

当归牛肉汤

补血益气＋缓解孕吐

材料：
牛腱200克，当归2片，葱2根，老姜4片，高汤800毫升

调味料：
米酒1/4杯，盐少许

做法：

① 牛腱洗净，切片；葱洗净，切段。

② 锅中放入一半葱段、老姜片、米酒，加入牛腱片煮约10分钟后熄火浸泡，捞出牛腱片以冷水冲洗沥干备用。

③ 将牛腱片和其他材料放入电饭锅，待开关跳起，加盐调味即可。

滋 补 保 健 功 效

　　当归可缓解孕吐症状，有补血的功效，对体质虚寒的孕妇有滋补效果，但能活血，孕妇应视体质慎食；牛肉含铁和蛋白质，能预防贫血。

归参猪心汤

补血降压＋生津益气

材料：
党参30克，当归4片，猪心250克，水适量

调味料：
盐适量

做法：

① 将猪心洗净切片，与党参、当归一起放入炖盅内。

② 加入适量水，隔水炖熟，加盐调味即可。

滋 补 保 健 功 效

　　猪心含有丰富的蛋白质；党参具有生津养血的功效，能补充血红蛋白，有补血作用，并具有一定的降压效果。

甘麦枣藕汤

宁心安神+健脾益胃

材料：

莲藕250克，小麦75克，甘草12克，红枣5个，水适量

调味料：

盐1/4小匙，醋少许

做法：

❶ 小麦洗净，泡水1小时；莲藕洗净去皮，切片，放入水、少许醋浸泡5分钟；红枣洗净备用。

❷ 将小麦、甘草、红枣放入砂锅中，加入适量水煮沸。

❸ 放入莲藕片以小火煮软，加盐调味即可。

滋补保健功效

小麦具有养心安神的作用；甘草、红枣能健脾益胃，达到益气生津的功效；莲藕可以补血，有宁心安神的作用。

首乌炖鸡蛋

改善便秘+增强免疫力

材料：

何首乌100克，鸡蛋2个，葱、姜、水、枸杞子各适量

调味料：

盐、料酒各适量

做法：

❶ 何首乌、枸杞子洗净；葱洗净，切段；姜洗净去皮，切片备用。

❷ 鸡蛋洗净，汤锅加入适量水，将鸡蛋煮熟，去壳备用。

❸ 将鸡蛋、何首乌、枸杞子放入锅内，加入水、葱段、姜片及调味料煮沸后，再以小火熬煮约5分钟即可。

滋补保健功效

何首乌含有大黄酸、卵磷脂，对改善血液循环、缓解便秘均有效；蛋黄中的卵磷脂能改善孕妇的新陈代谢，有助于增强免疫力。

点心甜品

松子甜粥

促进脑神经发育＋提供热量

材料：
松子仁50克，大米100克，水适量

调味料：
蜂蜜适量

做法：
❶ 松子仁、大米洗净，沥干备用。
❷ 将大米、松子仁加水后，熬煮至熟透。
❸ 食用时，淋上蜂蜜即可。

滋补保健功效

松子仁中的脂肪多为不饱和脂肪酸，能促使细胞生物膜更新，提供胎儿脑神经发育所需养分。但因热量高，不宜过量食用。

核桃芝麻糊

促进大脑发育＋提供营养

材料：
核桃30克，黑芝麻50克，牛奶100毫升，水1400毫升

调味料：
冰糖4大匙，蜂蜜少许

做法：
❶ 将黑芝麻、核桃以小火炒香，待冷却后，倒入果汁机中加水500毫升，打至无粗粒。
❷ 汤锅中放入900毫升水和4大匙冰糖，加热至烧沸后放入核桃黑芝麻糊。
❸ 以小火烧沸后，加入牛奶、蜂蜜，搅拌均匀即可。

滋补保健功效

黑芝麻含钙；核桃含人体必需的脂肪酸及蛋白质，其中的磷脂类对脑神经有良好的保健作用，有助于自主神经系统的协调。

甘蔗双豆汤

排出宿便 + 利尿消肿

材料：

绿豆300克，红豆150克，甘蔗汁500毫升，水适量

做法：

❶ 红豆、绿豆淘洗干净，加水浸泡半小时，沥干备用。

❷ 锅中加入水，放入红豆和绿豆，以中火煮沸，再用小火煮约20分钟，煮至两种豆子都松软。

❸ 加入甘蔗汁煮沸即可。

滋 补 保 健 功 效

　　红豆和绿豆可利尿消肿、清热解毒，刺激胃肠蠕动，解决孕妇宿便困扰；甘蔗可解热止渴，有助于消化。

红豆甜薯汤

清除代谢产物 + 抗氧化

材料：

红薯200克，红豆20克，黑豆10克

调味料：

黑糖2大匙

做法：

❶ 红豆和黑豆淘洗干净，泡水3小时；红薯洗净，去皮切块。

❷ 将红豆和黑豆加入适量水煮熟。

❸ 锅中加入红薯块以小火炖熟，再加黑糖调味即可。

滋 补 保 健 功 效

　　红薯、红豆皆富含膳食纤维及抗氧化物，适量食用不仅可促进胃肠蠕动、清除代谢产物，还可增强身体的抗氧化能力。

红豆杏仁露

促进肠道蠕动 + 促进发育

材料：
红豆 30 克，杏仁 100 克，水适量

调味料：
冰糖适量

做法：

1. 红豆洗净，放入锅中蒸软备用。
2. 杏仁洗净，泡水3小时，将杏仁与浸泡的水一同放入果汁机中打匀，过筛取汁。
3. 杏仁汁倒入锅中煮沸，加入红豆搅匀，撒入冰糖调味即可。

滋 补 保 健 功 效

　　杏仁含有维生素E、植物性蛋白质、不饱和脂肪酸等，可促进大脑细胞发育，其所含丰富的膳食纤维，能促进肠道蠕动。

安神八宝粥

退热降压 + 养血安神

材料：
桂圆肉 15 克，红枣、黑枣各 3 个，红豆、花豆、绿豆、莲子各 10 克，圆糯米 100 克，水 4000 毫升

调味料：
白糖3大匙

做法：

1. 圆糯米、红豆、花豆、绿豆、莲子洗净泡水；红枣、黑枣洗净备用。
2. 将红豆、花豆、绿豆、莲子倒入锅中，加水2000毫升，以小火煮软。
3. 将圆糯米、红枣、黑枣倒入步骤②的锅中，另加水2000毫升一同熬煮。
4. 待熟后，加入桂圆肉及白糖拌匀即可。

滋 补 保 健 功 效

　　红豆所含的纤维可助排便，铁可补血；绿豆含蛋白质、维生素A、B族维生素、维生素C，有退燥热、降血压的作用；莲子能补心益脾、养血安神。

银耳百合桂圆露

润肺益气 + 养心安神

材料：
枸杞子20克，水400毫升，桂圆肉、莲子、百合、魔芋、干银耳各50克

调味料：
冰糖适量

做法：

❶ 百合用水搓洗，除去表面杂质，再泡于清水中1小时，捞出沥干；枸杞子、莲子洗净；魔芋洗净去皮，切丁备用。

❷ 干银耳泡发后，去粗蒂，切成小块，放入水中煮沸后转小火煮2.5小时。

❸ 放入冰糖及百合、桂圆肉、莲子、枸杞子、魔芋丁，煮30分钟即可。

滋补保健功效

　　银耳可润肺益气；莲子富含钙、磷、铁等矿物质，可养心安神，并促进孕妇入眠。孕妇在怀孕前期食用桂圆，有舒缓情绪的功效。

红枣菇耳汤

滋阴养胃 + 镇静安神

材料：
香菇15克，银耳10克，莲子20克，红枣5个，水适量

调味料：
白糖适量

做法：

❶ 将香菇以温水泡软，洗净。

❷ 将银耳、莲子、红枣洗净，和香菇一起放进砂锅中，加水同煮。

❸ 煮沸后，以小火煨煮约30分钟，加入白糖调味即可。

滋补保健功效

　　银耳具有滋阴清热、养胃生津、消除疲劳的功效；莲子则可补中益气、镇静安神。这道汤品能益气养血、健脾益肾。

藕节红枣煎

养血安神＋提高免疫力

材料：
藕节250克，红枣500克，水适量

做法：
❶ 将藕节洗净，加水煎至浓稠。
❷ 放入洗净的红枣煮熟即可。

滋 补 保 健 功 效

　　莲藕有健脾生肌、养胃滋阴的功效，富含铁，对缺铁性贫血有益。红枣富含维生素C，可提高孕妇免疫力，促进机体对铁的吸收。

姜汁炖鲜奶

缓解孕吐＋预防感冒

材料：
鲜牛奶200毫升，姜20克，鸡蛋1个（取蛋清），薄荷叶适量

调味料：
冰糖1小匙

做法：
❶ 姜打成汁，蛋清打匀。
❷ 将姜汁、鲜牛奶、蛋清搅拌均匀，放入有盖的盅碗内，蒸约30分钟取出，以冰糖调味，放上洗净的薄荷叶装饰即可。

滋 补 保 健 功 效

　　姜可以促进血液循环，改善手脚冰冷的情况，还可以健胃理肠、消除胀气，有助于缓解孕吐，并有预防感冒的功效。

蜜桃奶酪

提振食欲 + 预防便秘

材料：
甜桃300克，奶酪4个，水适量

调味料：
白糖2½大匙

做法：

❶ 甜桃洗净去皮，去核切块。

❷ 锅中加入白糖及2大匙水煮溶，放入甜桃块，以中火煮5分钟，再翻面以小火煮15分钟，待凉后放入密封罐冰镇。

❸ 将甜桃块切成泥，放在奶酪上即可。

滋补保健功效

桃子富含铁和果胶，能预防便秘；含有丰富的有机酸和膳食纤维，可促进胃肠蠕动、提振食欲，适合孕妇在食欲不佳的怀孕初期食用。

草莓杏仁冻

控制体重 + 清洁肠道

材料：
杏仁粉、草莓酱各30克，琼脂粉5克，水240毫升，薄荷叶适量

做法：

❶ 将杏仁粉、琼脂粉加水煮沸，待凉后放入模具，置于冰箱冷藏。

❷ 待杏仁冻凝固后添加草莓酱，放上洗净的薄荷叶装饰即可。

滋补保健功效

草莓含有丰富的维生素C，可防治维生素C缺乏病；所含果胶及膳食纤维能帮助消化、清洁胃肠，与琼脂皆可增加饱腹感，有助于孕期体重控制。

苹果哈密瓜酸奶

改善便秘 + 加速新陈代谢

材料：
生菜300克，哈密瓜球、苹果球各70克

调味料：
低脂酸奶5大匙，柳橙果粒1大匙，柠檬汁2小匙

做法：

❶ 生菜洗净，撕小片；调味料放入小碗中混合均匀。

❷ 将所有材料摆盘，淋上调味料即可，可放上装饰物点缀。

滋 补 保 健 功 效

　　苹果含有果胶和鞣酸，可调节生理机能，缓解轻度腹泻和便秘。哈密瓜具有多种营养成分与微量元素，能加速体内新陈代谢。

松子红薯饼

防止钙流失 + 清除宿便

材料：
中筋面粉、红薯各50克，松子仁20克，炼乳、水、黑芝麻、罗勒叶各适量

调味料：
白糖1大匙，橄榄油适量

做法：

❶ 红薯洗净去皮，蒸熟压成泥。

❷ 将中筋面粉加水揉成面团，将面团分成4块，分别擀成圆形的饼皮。

❸ 将红薯泥加白糖、松子仁、炼乳，搅拌均匀成为内馅。

❹ 将内馅包入圆形饼皮中，表面蘸少许水裹上黑芝麻，放入有橄榄油的锅中，两面煎成金黄色，盛盘后放上洗净的罗勒叶装饰即可。

滋 补 保 健 功 效

　　红薯含有丰富的膳食纤维，有助于清除体内的宿便，同时可以防止钙流失，具有安神的功效。

葡萄干腰果蒸糕

润肠通便＋消除疲劳

材料：

低筋面粉 160 克，鸡蛋 2 个，水 150 毫升，泡打粉 10 克，腰果、葡萄干、薄荷叶各少许

调味料：

白糖4大匙，盐少许

做法：

❶ 把鸡蛋、水打匀，加入过筛的低筋面粉、白糖、盐及泡打粉拌匀。

❷ 将面糊倒入模具中，上面撒上葡萄干、腰果，放入锅中蒸熟即可，可放上洗净的薄荷叶装饰。

滋补保健功效

适量食用腰果可润肠通便。葡萄干富含葡萄糖，葡萄糖被人体吸收后能变成身体需要的能量，从而有效消除疲劳。

滋补保健功效

紫米含有丰富的蛋白质、叶酸及铁、锌、钙、磷等怀孕期间所需的各种营养成分，具有营养神经、补中益气、明目活血的功效。

紫米桂圆糕

营养神经＋明目活血

材料：

紫米、糯米各200克，桂圆干100克

调味料：

红糖1大匙，米酒100毫升

做法：

❶ 将所有材料洗净；紫米泡水一晚，糯米泡水10 分钟，桂圆干取果肉。

❷ 将紫米、糯米倒入锅中，加入桂圆肉与米酒煮熟。

❸ 趁热拌上红糖搅匀，取出切块即可。

紫苏青橘茶

缓解孕吐 + 帮助消化

材料：
新鲜青橘5颗，紫苏3片，水适量

调味料：
蜂蜜1小匙

做法：

❶ 新鲜青橘、紫苏洗净后沥干。

❷ 青橘切片、紫苏切碎，放入杯中，加水至杯中八分满。

❸ 将步骤❷的材料放入电饭锅中，煮至开关跳起，加入蜂蜜即可，可放入洗净的带叶金橘装饰。

滋补保健功效

紫苏具有调节胃肠功能的作用，可帮助消化、增强胃肠蠕动及胃液分泌，搭配青橘，可缓解怀孕早期的呕吐症状，具有止呕效果。

红枣枸杞子茶

排出代谢废物 + 舒缓不适

材料：
红枣12个，枸杞子15克，水3杯

做法：

❶ 红枣洗净，用刀在表面划2刀；枸杞子用水洗净，泡软，沥干备用。

❷ 红枣和枸杞子放入锅中，加水以大火煮沸，后转小火，续煮20分钟即可。

滋补保健功效

红枣有补血、安神的功效，可改善胃肠功能。枸杞子可帮助人体将体内代谢废物排出。本款茶饮能改善孕妇的消化功能，舒缓不适和压力。

粉红樱桃美人饮

补充营养+有益胃肠

材料：
樱桃10颗，碎冰1/2杯

调味料：
蜂蜜1大匙

做法：

❶ 樱桃洗净，去梗去核。

❷ 将所有材料一起放入果汁机中，以高速打成汁，倒入杯中，加蜂蜜搅匀即可。

滋 补 保 健 功 效

　　樱桃含铁量丰富，且含有胡萝卜素、维生素 B$_1$、维生素 B$_2$、维生素 C 和柠檬酸、钙、磷，可补血，且有益胃肠，孕期多饮用本款茶饮，宝宝出生后皮肤更白皙。

芝麻香蕉牛奶

润肠通便+促进胎儿发育

材料：
香蕉1根，鲜牛奶300毫升，芝麻粉1小匙

做法：

❶ 香蕉去皮，切段。

❷ 将所有材料放入果汁机中，搅打均匀即可。

滋 补 保 健 功 效

　　香蕉含钾量高，能润肠通便，改善孕期便秘问题；含有微量元素锌，可促进胎儿中枢神经系统发育。但香蕉会促进胃酸分泌，不宜空腹食用。

美颜葡萄汁

清血健胃＋安胎

材料：
葡萄20粒

调味料：
蜂蜜1大匙

做法：
❶ 葡萄洗净，放入果汁机中打汁，以滤网过滤果皮和果渣。
❷ 调入蜂蜜拌匀即可。

滋补保健功效
　　葡萄有利尿、清血、健胃、强筋骨、除风湿等功效，可消除水肿烦渴，改善虚胖问题，还有安胎的作用，能促进胎儿发育。

滋补保健功效
　　糙米含蛋白质、维生素A、B族维生素，能促进胃肠蠕动，帮助代谢废物的排出，预防孕期便秘与水肿，且易产生饱腹感，还可以补气养血。

核桃糙米浆

预防水肿＋补气养血

材料：
熟花生仁、核桃仁各20克，糙米100克，水1800毫升

调味料：
白糖2大匙

做法：
❶ 糙米洗净，浸泡1小时备用。
❷ 将糙米、熟花生仁、核桃仁加入800毫升水，放入豆浆机中搅打成浆。
❸ 将步骤 ❷ 的浆液加入1000毫升水，用小火煮至沸腾，再加入白糖，搅拌至白糖溶化即可。

妊娠第二期

规律饮食，营养均衡，饮食多元

食补重点

● 早餐丰富、午餐适中、晚餐少量，三餐定时、定量。

● 每天吃多种不同种类的食物，兼顾营养均衡。

营养需求

● 怀孕中期，孕妇特别要注意蛋白质、叶酸、镁、碘、硒、B族维生素、维生素C、维生素D、维生素E等营养成分的额外摄取，并避免吃垃圾食品。

推荐食材

● 肉类、豆类、乳制品、柑橘类水果、深绿色及黄色蔬菜

妊娠第二期要吃些什么？

1 富含蛋白质的食物：蛋类、肉类、豆类、牛奶等。

2 富含叶酸的食物：动物内脏、啤酒酵母、豆类（如扁豆、豌豆）、绿色蔬菜（如芦笋、菠菜、西蓝花）、柑橘类水果（如柳橙、橘子、柠檬、葡萄柚）等。

3 富含B族维生素的食物：糙米、全谷类、乳制品、坚果类、绿色蔬菜等。

4 富含维生素D、维生素E的食物：动物内脏、鱼肉、鸡肉、蛋黄、桑葚、香菇等。

5 富含镁、碘、硒等矿物质的食物：小麦胚芽、洋葱、西红柿、海带、紫菜，深绿色及黄色蔬菜等。

为什么要这样吃？

1 蛋白质摄取不足会造成基础代谢水平下降，易引起全身性水肿。

2 孕妇缺乏叶酸，容易罹患巨幼细胞性贫血，也可能导致胎儿早产或体重过轻的情况发生。

3 B族维生素除了可以预防孕妇贫血，还能维持其皮肤、指甲、头发等的健康。

4 孕妇牙齿防御能力降低，补充维生素D、维生素E可以预防蛀牙，同时增加皮肤弹性，并延缓皮肤衰老。

5 为避免胎儿在生长过程中，头发、指甲、皮肤、牙齿的发育受到影响，孕妇不能忽略镁、碘、硒等矿物质的摄取。

🦷 中医调理原则

1 怀孕中期，孕妇在饮食方面要注意多样化，且营养需均衡，但是不能吃太饱，要多吃蔬菜和水果，以利于通便。

2 此时孕妇容易上火、出现便秘，可以多吃养血清热的食品，如菊花茶、新鲜果汁，以及富含铁与钙的食物。不明来源的中药、未经中医师确认用量及用法的中药，均应避免服用。

3 素食或不喜欢吃肉者，在饮食的选择上较少，更要注意饮食多样化，以提供胎儿足够的营养。

4 吃全素的孕妇，应特别注意多吃富含维生素B12的食物或额外服用维生素B12补充剂。

🌐 孕期特征

1 此时胎儿的器官持续发育，脸部特征已较为明显，胎儿的体重在此阶段快速增长。

2 在孕妇方面，由于子宫日渐增大造成压迫，会引起腰酸背痛、静脉曲张等症状，有时大腿也会有酸痛、抽筋的感觉。

🍎 食疗目的

1 让胎儿正常发育（尤其是骨骼发育），并预防孕妇出现贫血的现象。

2 预防胎儿发育不良，以免出现胎儿体重偏低、早产等情况。

3 减少孕妇在夜间和清晨出现手脚抽筋的情况。

🩺 营养师小叮咛

1 体重正常的孕妇在怀孕中期和后期，每天应该多摄取1256千焦的热量、10克的蛋白质。

2 避免食用过于精制的食物，以免叶酸摄入不足；也应避免食用添加物过多的加工食品，以免加重母体和胎儿的负担。

3 高脂高糖的食物只会使孕妇过胖、营养不均衡，应尽量避免摄入过多。

4 每天至少喝2000毫升水（不含牛奶、酸奶等饮品的量），充足的水分能让排便顺畅。如果孕妇水肿严重，或者有妊娠高血压、先兆子痫，则建议减少饮水量，以避免因无法代谢而加重病情。

5 适当的运动、规律的作息，可改善便秘的症状。

☀️ 营养需求表

一般怀孕女性每日营养成分建议摄取量（中国居民膳食营养成分参考摄取量）

营养成分	每日建议摄取量
蛋白质	[体重（千克）×（1~1.2）] 克 + 10克
叶酸	0.4毫克 + 0.2毫克
B族维生素	成年女性每日建议量(0.9 ~ 1.3毫克) + 0.2毫克
维生素D、维生素E	0.01毫克 + 0.005毫克、12毫克 + 2毫克
镁、碘、硒	355毫克、0.2毫克、0.06毫克

妊娠第二期营养师一周饮食建议

时间	早餐	午餐	点心	晚餐
第一天	三文鱼饭团第98页 莓果胡萝卜汁 第151页	杏鲍菇烩饭 第93页 培根四季豆 第117页	燕麦浓汤面包盅 第134页	米饭1/2碗 甜椒三文鱼丁 第103页
第二天	鲭鱼燕麦粥 第96页 水果1份	米饭3/4碗 鲂仔鱼煎蛋 第102页 炒嫩苋麦菜 第118页	冰糖参味燕窝 第139页	南瓜面疙瘩 第99页
第三天	黑豆燕麦馒头 第100页 酸奶葡萄汁 第150页	养生红薯糙米饭 第93页 香菇茭白 第123页	红豆莲藕凉糕 第142页	米饭1/2碗 鲜炒墨鱼西蓝花 第106页
第四天	燕麦瘦肉粥 第97页 水果1份	米饭3/4碗 葱爆牛肉 第108页 清炒山药芦笋 第118页	葡汁蔬果沙拉 第145页	鲜虾炒河粉 第100页
第五天	黑芝麻糯米粥 第95页 水果1份	核桃炒饭第94页 清炒黑木耳银芽 第124页	高纤苹果卷饼 第145页	米饭1/2碗 萝卜丝炒猪肉 第110页
第六天	小鱼胚芽粥 第97页 水果1份	米饭3/4碗 红烧鲷鱼 第105页 香菇烩白菜 第121页	红枣枸杞子黑豆 浆第149页	米饭1/2碗 高纤蔬菜牛奶锅 第115页
第七天	牡蛎虱目鱼粥 第98页 水果1份	梅子鸡肉饭 第94页 蚝油芥蓝 第119页	鲜果奶酪 第146页	高纤时蔬面疙瘩 第99页

营养主食

杏鲍菇烩饭

增强免疫力＋控制体重

材料：

鸡腿肉60克，大米200克，杏鲍菇、青豆仁各
30克，胡萝卜50克，玉米粒20克，姜末10克，
香菜、水各适量

调味料：

酱油1大匙，白糖2小匙

做法：

❶ 鸡腿肉洗净，切块，加姜末、1/2大匙酱油略腌。

❷ 杏鲍菇洗净，切块；胡萝卜洗净削皮，切丝。

❸ 大米洗净，与剩余的酱油和白糖拌匀，放进
电饭锅。

❹ 将杏鲍菇、胡萝卜、青豆仁、玉米粒、鸡腿
肉均匀地撒在大米上，加适量水，饭蒸熟后
拌匀，放上洗净的香菜叶装饰即可。

滋补保健功效

　　杏鲍菇含有丰富的谷氨酸和
寡糖，加上其低脂肪、低热量，
不仅可增强孕妇免疫力，还可以
帮助孕妇控制体重。

养生红薯糙米饭

预防贫血＋缓解孕吐

材料：

糙米120克，红薯80克，水2杯

做法：

❶ 红薯洗净去皮，切小块；糙米洗净，加水浸
泡30分钟。

❷ 将红薯块加入糙米里，入蒸锅蒸熟，再焖
10～15分钟即可。

滋补保健功效

　　糙米和红薯皆含B族维生
素，有助于身体的代谢平衡，可
缓解疲劳，改善孕吐和小腿抽筋
症状，并具有预防贫血的作用。

核桃炒饭

补充营养＋健脑补血

材料：

四季豆、胡萝卜各30克，核桃仁40克，洋葱10克，圆白菜100克，米饭1碗半，鸡蛋1个（取蛋清）

调味料：

胡椒粉、盐各1/4小匙，酱油、白糖各1/2小匙，橄榄油1小匙

做法：

❶ 核桃仁以烤箱烤至微金黄色取出；四季豆、胡萝卜和洋葱洗净，切小丁；圆白菜洗净，切丝。

❷ 橄榄油入锅烧热，倒入蛋清拌炒，加入洋葱丁快速拌炒。

❸ 倒入米饭、所有调味料及其他材料炒熟。

滋 补 保 健 功 效

核桃是很好的滋补食物，能健脑、健胃、养神，促进血液循环，搭配富含膳食纤维的胡萝卜、洋葱、圆白菜食用，可健脑补血，补充营养。

梅子鸡肉饭

健脾益胃＋补充体力

滋 补 保 健 功 效

大米具有健脾胃、补中气、养阴生津、除烦止渴等作用。其含有丰富的淀粉，是补充体力、健脾益胃的优质食物。

材料：

米饭3碗，梅子20克，鸡肉、西芹各50克，熟芝麻10克

调味料：

米酒1大匙，盐、胡椒粉各少许

做法：

❶ 梅子切碎；鸡肉洗净，切丁；西芹洗净，切片备用。

❷ 将梅子碎、鸡肉丁、西芹片及调味料混匀腌5分钟，再蒸熟。

❸ 将米饭与步骤❷的材料拌匀，撒上熟芝麻即可。

芝麻绿豆饭

增加活力 + 预防贫血

材料：
绿豆30克，西芹50克，大米40克，黑芝麻2大匙，水适量

做法：
❶ 绿豆洗净，泡水1小时，沥干；西芹洗净，切丁；大米洗净备用。
❷ 把泡好的绿豆、西芹丁、大米、黑芝麻及适量的水放入锅中煮熟即可。

滋补保健功效

黑芝麻含铁量高，并含有丰富的维生素E，可预防贫血、活化脑细胞，还有助于排便；绿豆所含的氨基酸，更是活力的来源。

黑芝麻糯米粥

促进胃肠蠕动 + 补充体力

材料：
黑芝麻80克，糯米100克，水适量

做法：
❶ 黑芝麻研磨成粉。
❷ 将糯米洗净，加水煮成粥，煮沸时转为小火，加入黑芝麻粉，煮约20分钟即可。

滋补保健功效

黑芝麻富含亚油酸及膳食纤维，能促进胃肠蠕动，预防便秘。此粥品有助于排毒美颜，还可预防肠癌、补充体力。

黑木耳燕麦粥

预防便秘 + 维护肠道健康

材料：

燕麦100克，胡萝卜丝55克，黑木耳丝30克，猪肉丝65克，高汤800毫升

调味料：

盐1/4小匙，香油1小匙

做法：

❶ 燕麦洗净捞起，放入锅中与高汤同煮15～20分钟，煮至软透。

❷ 将胡萝卜丝、黑木耳丝及猪肉丝放入锅中煮熟，加盐调味，起锅前滴入香油即可。

滋 补 保 健 功 效

　　燕麦富含膳食纤维，能改善肠道内环境，使益生菌增加，预防便秘，维护肠道健康。食用后还易产生饱腹感，有助于孕妇控制体重。

滋 补 保 健 功 效

　　鲭鱼富含DHA、EPA，能帮助胎儿发育、活化胎儿大脑。燕麦含非水溶性膳食纤维，具有保健肠道、清除代谢产物的功效。

鲭鱼燕麦粥

保健肠道 + 清除代谢产物

材料：

燕麦80克，鲭鱼50克，姜丝10克，葱花、水各适量

调味料：

盐1/2小匙，胡椒粉1/4小匙

做法：

❶ 燕麦洗净，泡水20分钟；鲭鱼洗净，切块，备用。

❷ 汤锅加水煮沸，加入燕麦略煮。

❸ 放入鲭鱼块和姜丝，以小火煮1小时，并随时搅拌。

❹ 待燕麦煮熟，再加盐和胡椒粉调味，撒上葱花即可。

燕麦瘦肉粥

促进胎儿发育 + 促进代谢

材料：
猪瘦肉末、燕麦片各 150 克，胡萝卜丝、葱花各 10 克，芹菜 30 克，姜末 15 克，水 1000 毫升

调味料：
盐适量

做法：
1. 将芹菜去叶后洗净，切碎末。
2. 锅内加水煮沸后，放入燕麦片。
3. 烹煮2分钟后，再加猪瘦肉末、胡萝卜丝、葱花、姜末及芹菜末混匀。
4. 煮熟后，加盐调味即可。

滋 补 保 健 功 效

燕麦的营养价值高，所含 B 族维生素能促进胎儿发育；猪肉的维生素B₁含量居肉类之冠，有助于促进机体的新陈代谢。

小鱼胚芽粥

增加骨密度 + 降低热量摄取

材料：
鲚仔鱼、胚芽米各100克，苋菜段150克，水适量

调味料：
盐1/4小匙

做法：
1. 胚芽米洗净，用水浸泡一晚备用。
2. 锅里加水，先以小火煮沸，再加入胚芽米熬煮至熟。
3. 将鲚仔鱼放入粥中，略煮至熟，再加盐及苋菜段即可。

滋 补 保 健 功 效

苋菜、鲚仔鱼皆富含钙，有助于增加骨密度；苋菜含丰富的膳食纤维，可减少人体对脂肪的吸收，降低热量的摄取。

牡蛎虱目鱼粥

预防血栓 + 促进胎儿脑部发育

材料:

虱目鱼、大米各 100 克,牡蛎 150 克,高汤 350 毫升,红薯粉 80 克,芹菜末 30 克,香菜 15 克,葱白丝适量

调味料:

盐 1/4 小匙,胡椒粉、香油各 1 小匙

做法:

① 牡蛎洗净沥干,蘸裹红薯粉,放入沸水中汆烫捞起;虱目鱼去刺,切小块备用。

② 大米洗净加高汤,煮沸后以小火煮 10 分钟。

③ 放入虱目鱼、牡蛎,以大火煮沸后,加盐调味,起锅前放入芹菜末、香菜、葱白丝拌匀,加入胡椒粉、香油即可。

滋 补 保 健 功 效

虱目鱼是游离氨基酸和核苷酸含量较高的鱼种,其鱼肉还含有丰富的蛋白质、多不饱和脂肪酸,可预防血栓、促进胎儿脑部发育。

滋 补 保 健 功 效

三文鱼含人体所需多不饱和脂肪酸 DHA、EPA,能促进胎儿脑细胞神经发育;胚芽米含有维生素 E,亦有协助胎儿发育的功效。

三文鱼饭团

健脑安神 + 清理胃肠

材料:

三文鱼 80 克,洋葱碎 20 克,西芹碎 30 克,寿司海苔 1/2 张,胚芽米饭 1½ 碗

调味料:

寿司醋 1 大匙,柴鱼粉 1/4 小匙

做法:

① 将寿司海苔切成粗条。

② 三文鱼用水煮熟,沥干捣碎。

③ 将胚芽米饭、洋葱碎、西芹碎、三文鱼碎和调味料拌匀。

④ 把步骤③的材料捏成三角饭团,外层贴上寿司海苔条即可。

南瓜面疙瘩

提高免疫力＋排便顺畅

材料：
低筋面粉70克，南瓜180克，鸡蛋1个（取蛋黄），奶酪粉15克，香菇丝、猪肉丝、胡萝卜丝、圆白菜丝各10克，水、葱段各适量

调味料：
盐、胡椒粉各少许，橄榄油1大匙

做法：
1. 南瓜洗净去瓤，去皮，蒸熟压成泥，加低筋面粉、蛋黄、奶酪粉和盐，揉成面团。
2. 锅加水烧热，用筷子将面团一片片拨入沸水中，煮至浮起后捞出沥干备用。
3. 橄榄油入锅烧热，爆香葱段、香菇丝、胡萝卜丝、猪肉丝，加圆白菜丝和面疙瘩翻炒，撒入胡椒粉、盐炒匀即可。

滋 补 保 健 功 效
南瓜富含维生素A、B族维生素、蛋白质，能提高孕妇的免疫力，并促进胎儿骨骼发育；还含有丰富的膳食纤维，可使排便顺畅。

高纤时蔬面疙瘩

利尿通便＋促进代谢

材料：
丝瓜、面粉各150克，红甜椒、圆白菜、圆生菜各30克，水160毫升

调味料：
盐1小匙

做法：
1. 圆生菜洗净，撕成片；丝瓜洗净，去皮切块，入水汆烫再捞出沥干；红甜椒洗净，切块。
2. 圆白菜洗净，切碎，加面粉和水调成面团，捏成小块，放入沸水中煮成面疙瘩，捞起后泡水，再沥干水分。
3. 汤锅加水煮沸，放入所有材料煮熟，加盐调味即可。

滋 补 保 健 功 效
丝瓜可利尿通便、止咳化痰，搭配有加速血液循环作用的红辣椒一起食用，有助于增强体力，并能促进新陈代谢。

鲜虾炒河粉

补充营养成分＋利水滋肾

材料：

白虾100克，河粉200克，绿豆芽150克，韭菜30克，鸡蛋1个，香菜适量

调味料：

花生粉、柠檬汁、白糖、鱼露各1小匙，橄榄油2小匙

做法：

❶ 河粉切粗条；鸡蛋打成蛋汁；白虾去壳及肠泥，入沸水汆烫；韭菜洗净，切段备用。

❷ 橄榄油入锅烧热，将蛋汁炒香后，放入河粉条、白虾、绿豆芽、韭菜段拌炒，再加入调味料炒匀，盛盘后放上洗净的香菜即可。

滋补保健功效

　　白虾营养价值高，含有丰富的蛋白质、维生素和多种微量元素等营养成分，且水分多，对孕妇具有利水和滋肾的效果。

滋补保健功效

　　燕麦与黑豆均富含膳食纤维，可促进肠道蠕动，改善怀孕期间便秘问题，也能提供足够的热量，增强孕妇体力。

黑豆燕麦馒头

改善便秘＋增强体力

材料：

熟黑豆10克，熟燕麦30克，低筋面粉100克，水50毫升

调味料：

白糖1½大匙，酵母、泡打粉各1小匙

做法：

❶ 所有材料和调味料混合，揉成光滑的面团。

❷ 冬天约发酵10分钟；夏天气温较高，搓揉时已开始发酵，动作宜快，只需发酵5分钟。

❸ 将面团搓成长条后切段，放上铺有蒸笼纸的蒸盘。

❹ 发酵20分钟，放入蒸笼，用大火蒸8分钟即可。

炒坚果小鱼干

促进发育＋消除疲劳

材料：
南瓜子、小鱼干各100克，腰果250克，葡萄干50克

调味料：
盐、胡椒粉各1/4小匙，橄榄油1大匙

做法：
1 腰果、南瓜子、葡萄干洗净备用。
2 橄榄油入锅烧热，放入小鱼干、腰果、南瓜子拌炒，加入葡萄干炒匀，以盐及胡椒粉调味即可。

滋补保健功效

南瓜子含有大量锌，与脑垂体分泌生长激素有关，会影响胎儿身高和体重；葡萄干富含铁，能有效消除疲劳。

滋补保健功效

此道菜含有丰富的植物性蛋白质和钙，可以提供孕妇孕中期所需营养成分，帮助胎儿组织和器官正常发育。

小鱼炒百叶

补充钙质＋促进胎儿发育

材料：
小鱼干、红辣椒段各10克，百叶豆腐条150克，豆干片50克，水1/4杯

调味料：
Ⓐ 橄榄油1小匙
Ⓑ 蚝油1/4小匙，豆豉1小匙，香油少许

做法：
1 小鱼干泡水备用。
2 调味料Ⓐ入锅烧热，加入红辣椒段及小鱼干炒香。
3 放入百叶豆腐条、豆干片炒香后，续入调味料Ⓑ略炒。
4 加水烧煮入味即可。

鲚仔鱼煎蛋

强化胎儿骨骼 + 稳定神经

材料：
鸡蛋2个，鲚仔鱼50克，葱末适量

调味料：
盐1/4小匙，橄榄油1大匙

做法：

❶ 鲚仔鱼洗净，沥干备用。

❷ 鸡蛋打散，加入盐、鲚仔鱼拌匀。

❸ 橄榄油入锅烧热，倒入步骤❷的材料略煎成蛋皮，再将蛋皮卷成蛋卷，煎至金黄色，盛盘后撒上葱花即可。

滋 补 保 健 功 效

　　鲚仔鱼含钙量丰富，钙是维持骨骼健康重要的营养成分，可稳定神经、促进胎儿骨骼和牙齿的生长，建议孕妇适量补充。

滋 补 保 健 功 效

　　紫菜含有甘露醇，可有效缓解孕期水肿现象；紫菜所含的多糖具有增强细胞免疫和体液免疫的功能，可促进淋巴细胞转化，增强孕妇的免疫力。

紫菜蒸蛋

缓解水肿 + 增强免疫力

材料：
鸡蛋2个，紫菜3½克，姜1片，葱1根，高汤1杯

调味料：
橄榄油、水淀粉各1小匙，盐1/2小匙，蚝油2大匙

做法：

❶ 紫菜用水泡软，切丝；姜、葱洗净，切末；鸡蛋打散成蛋汁。

❷ 将盐和高汤加蛋汁调匀，再移入蒸锅以小火蒸熟。

❸ 橄榄油入锅烧热，爆香姜末、葱末，放入紫菜丝，再加入蚝油拌匀，以水淀粉勾芡，淋在蒸蛋上略蒸即可。

甜椒三文鱼丁

增强免疫力+促进胎儿发育

材料：
三文鱼、小黄瓜各100克，红辣椒、黄甜椒各10克，鸡蛋1个（取蛋清），姜1块，大蒜3瓣

调味料：
盐、水淀粉各少许，白糖1小匙，橄榄油适量

做法：

❶ 三文鱼、红辣椒、黄甜椒、小黄瓜洗净，切丁；大蒜、姜去皮，切末。

❷ 三文鱼加入盐、白糖及蛋清略腌约10分钟，再用小火煎至八分熟后起锅，备用。

❸ 橄榄油入锅烧热，放入大蒜末、姜末、红辣椒丁、黄甜椒丁、小黄瓜丁炒熟，以水淀粉勾芡，放入三文鱼丁拌炒均匀，加盐调味即可。

滋补保健功效

三文鱼中的DHA能促进胎儿大脑与眼睛正常发育；所含精氨酸可增强免疫力；所含虾红素抗氧化力强，还可补钙。

滋补保健功效

三文鱼含有维生素 A、维生素 B_1、维生素 B_6、维生素 D、丰富的蛋白质及多不饱和脂肪酸，可帮助孕妇增强抵抗力和补充体力，使胎儿健康发育。

香烤三文鱼

增强抵抗力+补充体力

材料：
三文鱼片200克，胡萝卜片、小黄瓜片各100克，姜末10克，香菜20克

调味料：
橄榄油、柠檬汁各1小匙，黑胡椒粉、低钠盐各1/4小匙

做法：

❶ 将三文鱼片与所有调味料拌匀，腌20分钟。

❷ 将胡萝卜片、小黄瓜片和香菜铺在烤盘上，放上三文鱼并撒上姜末。

❸ 烤箱以180℃将步骤❷的材料烤熟即可。

西红柿鳕鱼

预防贫血＋养颜美容

材料：

鳕鱼片200克，洋葱丁50克，西红柿100克

调味料：

橄榄油、西红柿酱各1大匙，白糖、盐各1小匙，水淀粉适量

做法：

❶ 西红柿洗净，切丁备用。

❷ 橄榄油入锅烧热，转小火，下鳕鱼片煎熟，捞出鱼片沥干油分。

❸ 另起油锅，加入西红柿丁、洋葱丁、西红柿酱、白糖、盐拌炒，再以水淀粉勾芡，淋在鳕鱼片上即可。

滋补保健功效

鳕鱼含有人类大脑和视觉神经发育必需的脂肪酸，且热量低；具有预防贫血、预防感冒、养颜美容等功效。

鳕鱼土豆球

缓解疲劳＋强健骨骼

材料：

鳕鱼 200 克，土豆 150 克，面粉、面包粉各少许，鸡蛋 1~2 个

调味料：

料酒1/2大匙，盐少许，胡椒粉1/6小匙

做法：

❶ 鳕鱼用热水略烫后去骨备用，鸡蛋打成蛋汁。

❷ 土豆洗净，煮熟后去皮压成泥，加入鳕鱼、部分蛋汁及所有调味料拌匀。

❸ 将步骤❷的材料分成小块，搓成椭圆形球。

❹ 土豆球蘸上面粉，续蘸上蛋汁，最后再蘸面包粉，炸熟沥干油即可。

滋补保健功效

鳕鱼具有低脂肪、高蛋白、刺少的特点，是优质蛋白质的来源，且具有活血、补血、润泽皮肤、缓解疲劳、强健骨骼等功效。

红烧鲷鱼

促进大脑发育＋增强体力

材料：
鲷鱼200克，葱1根，姜10克，红辣椒1/2个

调味料：
酱油2大匙，白糖1小匙，橄榄油适量

做法：

❶ 将所有材料洗净。

❷ 姜去皮，切丝；葱切段；红辣椒切片，备用。

❸ 橄榄油入锅烧热，爆香葱段、姜丝，放入鲷鱼，两面煎熟，再加入酱油、白糖、红辣椒片煮熟即可。

滋 补 保 健 功 效

　　鲷鱼含有多不饱和脂肪酸DHA，是大脑及眼睛正常发育必需的营养成分；所含丰富的蛋白质有助于增强体力和记忆力。

滋 补 保 健 功 效

　　金枪鱼的DHA含量高，其为大脑和视网膜的重要组成成分；还含有维生素A、维生素B6和维生素E，对皮肤保健及提高免疫力有一定的功效。

蒜香烤金枪鱼

保健皮肤＋提高免疫力

材料：
胡萝卜70克，大蒜15克，带皮金枪鱼150克，海苔粉少许

调味料：
盐、胡椒粉各少许

做法：

❶ 带皮金枪鱼去骨切小块；胡萝卜洗净，去皮切片；大蒜去皮，切末备用。

❷ 在烤箱烤盘铺上胡萝卜片，放上金枪鱼块，撒上大蒜末、盐和胡椒粉。

❸ 烤箱预热至250℃，将金枪鱼放入烤箱烤10分钟，取出后撒海苔粉即可。

鲜炒墨鱼西蓝花

预防感冒 + 保护视力

材料：
菜花、胡萝卜各50克，西蓝花150克，虾米10克，墨鱼（中卷）1尾

调味料：
盐1/4小匙，橄榄油1大匙

做法：
1. 西蓝花、菜花洗净，切块，入沸水氽烫备用。
2. 墨鱼洗净，切块；胡萝卜洗净，去皮切条。
3. 橄榄油入锅烧热，爆香虾米，放入西蓝花块、菜花块、胡萝卜条略炒，加盐调味，再加入墨鱼块炒熟即可。

滋补保健功效

　　西蓝花含有大量叶黄素，是保护视力的重要抗氧化物；所含叶酸、膳食纤维、维生素C能预防感冒，促进胎儿发育。

滋补保健功效

　　干贝的蛋白质含量丰富，蛋白质是胎儿细胞生长和器官发育的必需营养成分；所含磷可以促进钙的吸收，有助于胎儿骨骼发育。

奶油蒜煎干贝

补充蛋白质 + 促进钙吸收

材料：
鲜干贝4个，奶油30克，大蒜末20克，姜末、葱花各10克

调味料：
米酒1大匙，盐1/4小匙，黑胡椒粉、橄榄油各1小匙

做法：
1. 以奶油将鲜干贝两面各煎1分钟，至表面呈金黄色后捞出备用。
2. 橄榄油入锅烧热，将大蒜末、姜末炒香，加米酒煮沸，以盐、黑胡椒粉调味，淋在鲜干贝上，撒上葱花装饰即可，可根据自己的喜好摆盘装饰。

菠菜炒猪肝

补充叶酸 + 预防贫血

材料：
猪肝300克，菠菜150克，枸杞子20克，大蒜末、姜片各适量

调味料：
淀粉、白糖、香油各1小匙，橄榄油1大匙，盐1/4小匙

做法：
1. 猪肝洗净，切薄片；菠菜洗净，切段。
2. 猪肝加香油、淀粉、盐及白糖略腌。
3. 橄榄油入锅烧热，放入猪肝片，中火快炒，捞出沥干。
4. 锅中留下约1小匙油，以中火炒香菠菜段、大蒜末、姜片、枸杞子，加盐调味，再加入猪肝片快炒，滴入香油即可。

滋 补 保 健 功 效

　　菠菜中的叶酸可预防新生儿先天性缺陷的发生。这道菜的铁含量丰富，经常食用具有补血的功效，可预防孕妇贫血。

黑豆炖猪蹄

补充蛋白质 + 补钙美容

材料：
黑豆、猪蹄各300克，水500毫升

调味料：
盐1/4小匙，米酒2小匙

做法：
1. 黑豆洗净，加水浸泡约8小时备用。
2. 猪蹄洗净，以沸水汆烫备用。
3. 黑豆及浸泡黑豆的水、猪蹄放入砂锅，煮至熟烂，起锅前再加入米酒及盐调味即可。

滋 补 保 健 功 效

　　黑豆富含维生素A、B族维生素、维生素C和植物性蛋白质，孕妇多吃可补充蛋白质；猪蹄富含维生素B6、胶质、钙，具有补钙、美容之效。

葱爆牛肉

预防贫血＋提高免疫力

材料：
牛肉220克，葱5根，红辣椒段10克

调味料：
料酒、酱油各1大匙，白糖、淀粉、盐各1小匙，橄榄油3大匙

做法：
1. 牛肉切丝，加入料酒、酱油、白糖、淀粉拌匀腌10分钟；葱洗净，切段。
2. 2大匙橄榄油入锅烧热，放入牛肉丝爆炒至八分熟后盛出。
3. 加1大匙橄榄油，快炒葱段和红辣椒段，续入牛肉丝炒熟，加盐调味即可。

滋补保健功效

牛肉富含铁、氨基酸、锌。锌是孕妇免疫系统中不可缺少的营养成分；蛋白质、铁有补血作用，可预防贫血。

牛肉芝麻卷饼

增强免疫力＋放松情绪

材料：
卤牛腱600克，蒜苗6根，黄豆芽、胡萝卜丝各180克，熟葱油饼皮6张

调味料：
盐、香油、炒熟白芝麻各6小匙，白胡椒粉1小匙

做法：
1. 卤牛腱切薄片；蒜苗洗净，切斜段；葱油饼皮煎熟。
2. 黄豆芽、胡萝卜丝洗净，汆烫沥干水分，加入调味料拌匀。
3. 取一张熟葱油饼皮铺平，放上卤牛腱片、蒜苗段和步骤❷的材料卷起，切段即可。

滋补保健功效

牛肉含有丰富的钙、铁、磷等营养成分，极易被人体吸收；还含有丰富的B族维生素，可增强免疫力，放松情绪。

香煎蒜味牛排

预防贫血＋增强体力

材料：
牛排2片，芦笋4根，秋葵、彩椒丁各适量，大蒜碎20克，水、牛奶各50毫升，苹果1/4块

调味料：
酱油、料酒、橄榄油各2小匙，花椒末1小匙，盐、黑醋各1/4匙，黑胡椒粉适量

做法：

❶ 将酱油、料酒拌匀涂抹于牛排上，腌10分钟；芦笋、秋葵洗净，切段，汆烫。

❷ 将大蒜碎、水、花椒末、牛奶、盐、黑醋、黑胡椒粉、彩椒丁加入锅中，以小火炖煮至大蒜变软。

❸ 橄榄油入锅烧热，牛排煎熟后淋上步骤❷的材料，搭配芦笋、秋葵、苹果块食用即可。

滋补保健功效
牛肉是优质蛋白质的来源，含有人体所需的氨基酸，可帮助孕期女性增强体力，同时也是相当好的补铁食材，能预防贫血。

沙茶羊肉

增强体力＋帮助消化

材料：
羊肉片150克，苋菜200克，大蒜末适量，红辣椒1个

调味料：
沙茶酱、橄榄油各2大匙，盐1/4小匙

做法：

❶ 苋菜洗净，切段；红辣椒洗净，切段备用。

❷ 橄榄油入锅烧热，爆香大蒜末、红辣椒段，加入羊肉片炒至半熟。

❸ 续入沙茶酱、盐炒香，再放入苋菜段拌炒至熟即可。

滋补保健功效
羊肉富含B族维生素，能促进糖类、蛋白质、脂肪的代谢，增强孕妇体力；苋菜含膳食纤维，可帮助消化、改善便秘。

黄豆炖猪肉

补充营养 + 促进器官发育

材料：

黄豆80克，猪里脊肉200克，洋葱半个，西红柿1个，高汤200毫升

调味料：

酱油、橄榄油、米酒各1大匙，白糖1小匙

做法：

1. 黄豆洗净，浸泡8小时；洋葱洗净切丝；猪里脊肉、西红柿洗净，切小块备用。
2. 橄榄油入锅烧热，炒香洋葱丝、西红柿块，续入猪里脊肉、米酒炒香。
3. 放入黄豆、酱油、白糖、高汤煮沸后，转小火炖煮至黄豆和猪肉熟软即可。

滋 补 保 健 功 效

　　黄豆的蛋白质含量是猪瘦肉和牛奶的2倍。丰富的蛋白质，是胎儿在细胞生长和器官发育时期的重要营养来源。

滋 补 保 健 功 效

　　白萝卜的维生素C含量丰富，可防止细胞因氧化被破坏，并缓解腹部胀气；搭配猪瘦肉食用，能使营养更加均衡。

萝卜丝炒猪肉

缓解胀气 + 抗氧化

材料：

白萝卜120克，猪瘦肉50克，新鲜黑木耳20克，蒜苗1根

调味料：

橄榄油、酱油、米酒各1小匙，盐1/2小匙

做法：

1. 白萝卜、黑木耳、猪瘦肉洗净，切丝；猪瘦肉丝用酱油和米酒腌约15分钟。
2. 蒜苗洗净，并将蒜白和蒜绿分开，切斜片。
3. 橄榄油入锅烧热，爆香蒜白片，加入白萝卜丝、黑木耳丝和蒜绿片炒软，再放入猪瘦肉丝、盐，拌炒至猪瘦肉丝熟透即可。

酱烧蒜味里脊

消除疲劳＋保护神经

材料：
大蒜2瓣，猪里脊肉300克，葱1根

调味料：
橄榄油、豆瓣酱、白胡椒粉各1大匙，米酒、醋各1小匙

做法：
① 猪里脊肉、葱洗净，切丝；大蒜去皮，切末。
② 橄榄油入锅烧热，爆香大蒜末，加入猪里脊肉丝，翻炒至肉丝八成熟。
③ 加入豆瓣酱、米酒、醋，炒到猪里脊肉丝熟后，撒上白胡椒粉，盛盘，再加些葱丝点缀即可。

滋补保健功效
猪肉富含B族维生素，有助于恢复体力、消除疲劳，并能提供身体代谢所需的营养，维持神经系统功能。

奶酪洋葱肉片

缓和情绪＋舒解压力

材料：
猪肉片50克，奶酪20克，洋葱丝100克，欧芹、水、豌豆苗各适量

调味料：
橄榄油2小匙

做法：
① 欧芹切末，撒在肉片上；豌豆苗洗净备用。
② 橄榄油倒入锅中，烧热，放入洋葱丝炒软后盛出备用。
③ 锅中余油烧热，放猪肉片煎熟后熄火，加水，摆上洋葱丝，再放入奶酪、豌豆苗，最后盖上锅盖焖熟即可。

滋补保健功效
奶酪和洋葱含有钙，能稳定神经、缓和情绪。奶酪中的酪氨酸、色氨酸、B族维生素和锌同样具有舒解压力的效果。

111

奶酪焗烤鸡腿

补充营养

材料：
鸡腿2只，奶酪丝30克，蘑菇浓汤罐头1罐，土豆100克，薄荷叶适量

调味料：
盐1/4小匙，胡椒粉1小匙，橄榄油适量

做法：

1 土豆洗净去皮，切片，放入盘中，入锅蒸熟。

2 锅中放橄榄油烧热，鸡腿皮朝下煎上色后，再将双面煎熟，以盐、胡椒粉调味。

3 鸡腿铺在土豆片上，倒入蘑菇浓汤罐头，再铺上奶酪丝，入烤箱以220℃烤至奶酪熔化，取出后放上洗净的薄荷叶装饰即可。

滋 补 保 健 功 效

奶酪有"白肉"之称，是蛋白质、钙的重要来源之一，同时富含多种矿物质和维生素，可满足怀孕时的营养需求。

姜汁焦糖鸡翅

强健骨骼 + 柔肌美肤

滋 补 保 健 功 效

鸡翅含有胶原蛋白等蛋白质，可柔肌美肤、强健骨骼、使头发光亮；富含维生素B$_2$、维生素B$_{12}$、钙、磷、铁，可补充孕妇所需营养。

材料：
鸡翅8个，大蒜末、葱末各适量，老姜3片，水130毫升

调味料：
酱油、姜汁黑糖各3大匙，盐1/4小匙，香油1大匙

做法：

1 姜汁黑糖加水拌至溶化；鸡翅洗净，沥干备用。

2 锅中倒入香油，以大火爆香大蒜末、姜片，加入酱油、鸡翅拌炒。

3 续入姜汁黑糖、盐、葱末，转小火焖15分钟即可。

菠萝甜椒鸡

预防便秘＋消除疲劳

材料：
菠萝片、红辣椒片、青椒片、黄椒片各50克，鸡肉片200克，葱1根

调味料：
盐1/4小匙，米酒、淀粉各1小匙，酱油2大匙，橄榄油3大匙，胡椒粉少许

做法：
1. 将鸡肉片用酱油、胡椒粉、米酒、淀粉拌匀略腌；葱洗净，切段。
2. 橄榄油入锅烧热，将鸡肉片过油沥干。
3. 炒锅留下约1大匙油，爆香葱段，放入鸡肉片、菠萝片、红辣椒片、青椒片、黄椒片翻炒，再加盐调味即可。

滋补保健功效

　　菠萝含有丰富的维生素B$_1$，可消除疲劳和增进食欲；所含维生素C能帮助铁的吸收；所含膳食纤维有助于孕妇排便顺畅，从而预防便秘。

黑豆鸡汤

补充营养＋降低血脂

材料：
鸡腿肉300克，黑豆60克，姜片适量，水1200毫升

调味料：
盐1/2小匙

做法：
1. 黑豆洗净泡水，捞出沥干，放入锅中以小火干炒至熟。
2. 鸡腿肉洗净，切块，氽烫后捞出。
3. 锅中加水烧沸，放入所有材料，大火煮沸后转小火续煮30分钟，加盐调味即可。

滋补保健功效

　　黑豆含丰富的不饱和脂肪酸和皂苷，可有效降低血脂与胆固醇；鸡肉为高蛋白、低脂食物，能解决孕期营养不良的问题。

甜椒三杯鸡

活化细胞组织 + 促进胎儿智力发育

材料：

鸡肉块 300 克，红辣椒片 80 克，姜片适量，罗勒叶 10 克，大蒜（去皮）3 瓣

调味料：

橄榄油、酱油、料酒各 120 毫升，白糖 1 大匙

做法：

❶ 锅中加入橄榄油烧热，大火爆香姜片、大蒜，待姜片微黄时放入鸡肉块，翻炒至变色，续入红辣椒片后拌炒。

❷ 加入酱油、料酒、白糖，烧至汤汁快收干时熄火，拌入洗净的罗勒叶即可。

滋 补 保 健 功 效

　　鸡肉能增强免疫力，在改善心脑血管功能、促进胎儿智力发育方面功效佳；甜椒属于黄绿色蔬菜，具有活化细胞组织的功能。

腰果炒鸡丁

消除疲劳 + 平衡代谢

材料：

腰果 100 克，鸡丁 150 克，洋葱片 50 克，大蒜末 10 克，姜片少许，干辣椒 10 个，葱段 40 克

调味料：

盐 1/4 小匙，香油、淀粉、橄榄油各 1 大匙

做法：

❶ 将鸡丁加入淀粉、香油抓匀略腌。

❷ 橄榄油入锅烧热，放入腌过的鸡丁，炒至半熟即盛起备用。

❸ 续入大蒜末、姜片、葱段、干辣椒爆香后，依序放入腰果、洋葱片、鸡丁，再加盐调味，炒熟即可。

滋 补 保 健 功 效

　　腰果含有维生素B₁，有助于平衡代谢、补充体力、消除疲劳；鸡胸肉的脂肪含量低，且为不饱和脂肪酸，非常适合孕妇食用。

高纤蔬菜牛奶锅

调节情绪＋镇静安神

材料：
胡萝卜块、白萝卜块、莲藕块、洋葱片各50克，水、低脂牛奶各240毫升，柠檬片适量

调味料：
盐1/6小匙

做法：
① 锅中加水烧开，放入胡萝卜块、洋葱片煮沸。
② 续入莲藕块、白萝卜块、柠檬片和盐，熬煮5分钟。
③ 加入低脂牛奶略煮即可。

滋 补 保 健 功 效
　　牛奶为高钙、高钾食物，含有蛋白质和维生素A、维生素B₂、维生素D，营养丰富，有调节情绪和镇静安神的作用，是孕期饮食的最佳选择之一。

韭菜炒鸭血

增进食欲＋促进胃肠蠕动

滋 补 保 健 功 效
　　鸭血富含铁和蛋白质，有助于造血。韭菜富含膳食纤维，可促进胃肠蠕动；含挥发性硫化物，能增进孕妇食欲。

材料：
韭菜80克，鸭血100克，大蒜、酸菜末各10克

调味料：
盐1/4小匙，橄榄油1大匙

做法：
① 韭菜洗净，切段；大蒜去皮，切末；鸭血切块，备用。
② 鸭血放入沸水中汆烫捞出。
③ 橄榄油入锅烧热，爆香大蒜末、酸菜末，加入鸭血块、韭菜段快炒，以盐调味即可。

115

西红柿炒蛋

延缓衰老 + 促进胎儿发育

材料：
西红柿350克，鸡蛋3个，大蒜3瓣，葱10克

调味料：
西红柿酱3大匙，白糖、橄榄油各1大匙，盐1/4小匙

做法：
1. 西红柿洗净，切块；大蒜去皮，切片；鸡蛋打散成蛋汁；葱洗净，切成葱花备用。
2. 橄榄油入锅烧热，加入蛋汁炒至半熟后捞起沥油。
3. 炒锅留下约1小匙油，爆香大蒜片后，加入西红柿块、鸡蛋及西红柿酱、白糖、盐拌炒，略微收汁后撒上葱花即可。

滋 补 保 健 功 效

西红柿中的番茄红素是一种抗氧化剂，有助于延缓衰老；所含叶酸可增强血管功能，有益于胎儿神经系统发育。

滋 补 保 健 功 效

菠菜富含膳食纤维，可促进排便、改善贫血和小腿抽筋症状；所含叶酸能预防贫血；所含β-胡萝卜素具有延缓细胞衰老与保护眼睛的功效。

菠菜炒蛋

改善贫血 + 保护眼睛

材料：
鸡蛋、西红柿各1个，菠菜200克，姜10克

调味料：
盐1/4小匙，橄榄油1大匙

做法：
1. 菠菜洗净，切段；西红柿洗净，切块；姜洗净，切丝；鸡蛋打散成蛋汁备用。
2. 锅中加橄榄油烧热，爆香姜丝，加蛋汁炒开，加入菠菜段、西红柿块快炒，加盐调味即可。

高纤蔬食

豌豆苗蔬菜卷

活化脑细胞 + 增强抵抗力

材料：
春卷皮2片，豌豆苗150克，胡萝卜100克，芦笋2根，苜蓿芽20克，玉米笋4根

调味料：
蛋黄酱少许

做法：
1. 胡萝卜去皮洗净；玉米笋、芦笋洗净，均切丝，加水烫熟；春卷皮煎软备用。
2. 将豌豆苗、苜蓿芽，铺在春卷皮上，加入步骤①的食材，挤入蛋黄酱后卷起，再次煎香切块即可。

滋补保健功效

这道菜富含维生素C，可维持神经系统和活化脑细胞的功能，并能促进人体对铁的吸收，增强孕妇抵抗力。

滋补保健功效

四季豆热量低，含有丰富的蛋白质、B族维生素和多种氨基酸、膳食纤维，常食可健脾益胃，增进孕妇食欲。

培根四季豆

增进食欲 + 健脾益胃

材料：
玉米笋、香菇片各20克，大蒜末5克，猪肉丝、培根、四季豆各50克

调味料：
米酒、白糖、胡椒粉各1小匙，盐1/4小匙，橄榄油适量

做法：
1. 玉米笋和四季豆洗净；四季豆去老筋、切段，玉米笋斜切片，二者汆烫至熟取出。
2. 猪肉丝加米酒、白糖、胡椒粉，腌渍5分钟。
3. 橄榄油入锅烧热，爆香大蒜末、香菇片，加入培根、猪肉丝炒熟，续入四季豆段、玉米笋片拌炒，加盐调味即可。

炒嫩莜麦菜

促进胎儿发育 + 消除水肿

材料:

嫩莜麦菜200克,樱花虾50克

调味料:

盐1/4小匙,橄榄油1大匙

做法:

❶ 嫩莜麦菜、樱花虾洗净,嫩莜麦菜切段备用。

❷ 橄榄油入锅烧热,爆香樱花虾后,放入嫩莜麦菜段,以盐调味,快炒即可。

滋补保健功效

莜麦菜含有丰富的维生素 B_1、维生素 B_2、维生素 C、胡萝卜素、烟酸、铁、钙、磷等营养成分,具有通乳汁、促进胎儿发育、消除水肿等功效,适合孕妇食用。

滋补保健功效

山药属于高糖、高蛋白、低脂的健康食材;芦笋的叶酸含量在蔬菜中排行第一,孕妇多吃芦笋,有助于胎儿神经系统健康发育。

清炒山药芦笋

保护胎儿神经系统 + 补充叶酸

材料:

山药150克,芦笋200克,姜末10克,高汤200毫升

调味料:

香油、水淀粉各 1 小匙,盐 1/4 小匙,橄榄油 1 大匙,黑胡椒粉适量

做法:

❶ 将山药洗净去皮,切长条;芦笋洗净,切段,汆烫后沥干水分。

❷ 橄榄油入锅烧热,爆香姜末,放入山药条、芦笋段拌炒,续入盐、高汤调味煮熟,起锅前以水淀粉勾芡,淋上香油、撒上黑胡椒粉即可。

蚝油芥蓝

强化胎儿骨骼 + 增强孕妇免疫力

材料：
芥蓝150克，水500毫升，红辣椒丝适量

调味料：
盐1/4小匙，蚝油2大匙，水淀粉、橄榄油各1大匙，香油、白糖各1小匙，白胡椒粉适量

做法：
1. 芥蓝摘除老叶，取嫩梗洗净，切长段。
2. 锅中加水烧沸，加适量盐，放入芥蓝段烫熟，捞出冲冷水沥干。
3. 橄榄油入锅烧热，加入蚝油、白糖、香油、水淀粉一起炒匀成酱汁备用。
4. 芥蓝段拌入香油摆盘，将酱汁淋在芥蓝段上，撒上白胡椒粉和红辣椒丝即可。

滋 补 保 健 功 效

芥蓝属深绿色蔬菜，含有丰富的维生素A、维生素C、钙和铁，有利于胎儿的生长与骨骼发育，且可预防感冒、增强孕妇免疫力。

滋 补 保 健 功 效

此道菜肴有丰富的蛋白质，有助于胎儿大脑发育。油菜富含钙、铁，并含有大量维生素，能有效促进胎儿骨骼发育。

鲜菇炒油菜

补充蛋白质 + 促进胎儿大脑发育

材料：
香菇4朵，油菜150克，葱花适量

调味料：
盐1小匙，橄榄油1大匙

做法：
1. 香菇洗净，泡软，切块，香菇水留下备用；油菜洗净，切段。
2. 橄榄油入锅烧热，放入油菜段拌炒至软，加盐调味，继续拌炒。
3. 加入香菇水与香菇块一起烧煮，煮沸后撒上葱花即可。

核桃香炒圆白菜

预防溃疡 + 改善便秘

材料：
圆白菜100克，核桃仁2小匙，大蒜1瓣

调味料：
盐1/2小匙，橄榄油2小匙

做法：

① 圆白菜洗净，切大片。

② 大蒜去皮，切成小片；核桃仁切碎。

③ 橄榄油入锅烧热，加入大蒜片爆香后，续入圆白菜片一起拌炒。

④ 加入核桃仁拌炒，最后加盐略炒即可。

滋 补 保 健 功 效

　　圆白菜营养丰富，含有微量元素硫、氯、碘及抗溃疡因子；富含膳食纤维，可改善便秘，亦可增加饱腹感，避免饮食过量。

鸡丝苋菜

促进胎儿骨骼发育 + 补钙健齿

材料：
苋菜300克，鸡丝100克，红辣椒丝适量

调味料：
盐1/2小匙，白胡椒粉1/6小匙

做法：

① 苋菜洗净，切段备用。

② 分别汆烫苋菜段和鸡丝，沥干水分。

③ 将苋菜段和鸡丝分别与一半调味料混匀。

④ 将苋菜铺底，摆上鸡丝、红辣椒丝即可。

滋 补 保 健 功 效

　　苋菜的钙含量很高，每100克约含有150毫克钙，高于黑豆，可以补钙健齿。高钙的苋菜相当适合孕妇食用，有助于胎儿骨骼等的发育。

白菜烩面筋

活化细胞 + 增强免疫力

材料：
大白菜300克，香菇20克，油面筋50克，胡萝卜片10克

调味料：
酱油、橄榄油各1大匙，盐、水淀粉、香油、陈醋各1小匙

做法：

❶ 油面筋用温水泡软后挤干；香菇洗净，冷水泡软切片，香菇汁留下备用；大白菜洗净，梗切宽条，叶片切块。

❷ 橄榄油入锅烧热，爆香香菇片、胡萝卜片，续入大白菜炒软，放入香菇水、酱油、油面筋拌匀，加盐调味煮软。

❸ 以水淀粉勾芡，起锅前加陈醋、香油拌匀即可。

滋补保健功效

　　大白菜含维生素A、B族维生素、维生素C、锌和膳食纤维，且热量低，有助于孕妇补养的同时控制体重；此外，锌能提高细胞活性、增强免疫力。

滋补保健功效

　　香菇富含膳食纤维，具有很好的促进代谢产物排出的作用，能帮助机体清除毒素，改善便秘症状；小白菜富含钙、磷、铁，可促进新陈代谢。

香菇烩白菜

促进新陈代谢 + 清除代谢产物

材料：
小白菜100克，香菇6朵

调味料：
盐、酱油各适量，橄榄油1大匙

做法：

❶ 香菇洗净，用温开水泡软，去蒂；小白菜洗净，切段。

❷ 橄榄油入锅烧热，放入小白菜段略炒，再加入香菇一起翻炒。

❸ 锅中加入适量水，以盐和酱油调味，最后盖上锅盖，待小白菜段煮软即可。

糖醋香茄

增强记忆力 + 减缓脑部疲劳

材料：
茄子300克，鸡蛋100克，面粉50克，胡萝卜丝5克，葱花、姜末、大蒜末各3克，水适量

调味料：
盐1/4小匙，白糖、醋各2大匙，香油1小匙，水淀粉少许，橄榄油适量

做法：
1. 茄子洗净，切条，加盐略腌渍后蘸裹面粉。
2. 鸡蛋打成蛋汁，和入面粉，拌成全蛋糊。将步骤❶的材料蘸裹全蛋糊，逐条放入油锅中炸，装盘备用。
3. 锅中留底油，用葱花、姜末、大蒜末炝锅；放入胡萝卜丝、水、盐、白糖、醋，加水淀粉勾芡，加入香油成糖醋汁，淋在茄子上即可。

滋补保健功效

　　茄子含有维生素B₁、烟酸，具有促进大脑和神经系统发育的作用，适量食用茄子可增强记忆力、减缓脑部疲劳。

滋补保健功效

　　茄子表皮含有芦丁，能增强人体细胞间的附着力，强化体内抗氧化物质的活性；所含膳食纤维有助于肠道蠕动，预防孕期便秘。

京酱茄子

预防孕期便秘+抗氧化

材料：
茄子300克，水适量，葱花、姜末各5克

调味料：
甜面酱25克，橄榄油2大匙，酱油2小匙，白糖、水淀粉各1小匙，盐1/4小匙

做法：
1. 茄子洗净，切段，放入油锅中炸至熟，捞出。
2. 橄榄油入锅烧热，加葱花和姜末、甜面酱，倒入适量水混合拌匀。
3. 放入茄子段与除水淀粉外的其他调味料一起烧煮。
4. 煮熟后，加水淀粉勾薄芡即可。

酥炸茄子

控制血压 + 帮助消化

材料：
茄子 250 克，面粉 30 克，水 15 毫升，香菜叶适量

调味料：
酱油 1 大匙，橄榄油 6 大匙，白糖 1 小匙，盐 1/4 小匙，胡椒粉适量

做法：
1. 茄子洗净，去蒂，切斜薄片，加酱油、白糖略腌 15 分钟。
2. 面粉放入盐、水调成面糊，备用。
3. 橄榄油入锅烧热，将腌渍过的茄子片蘸裹面糊，放入锅中炸至金黄色，捞出沥油，放上洗净的香菜叶装饰，食用时撒些胡椒粉即可。

滋 补 保 健 功 效

茄子富含维生素 E、芦丁，有助于孕妇控制血压；含有 B 族维生素和膳食纤维，可促进胃肠蠕动，预防孕期便秘。此外，茄子热量低，且易产生饱腹感。

香菇茭白

预防感冒 + 促进胃肠蠕动

材料：
鲜香菇丝 30 克，大蒜末 20 克，茭白丝 200 克

调味料：
盐、香油各 1/4 小匙，白糖 1/5 小匙，低盐酱油少许

做法：
1. 分别将鲜香菇丝、茭白丝氽烫，沥干水分备用。
2. 橄榄油入锅烧热，加入步骤❶的材料、大蒜末和调味料，拌炒均匀即可。

滋 补 保 健 功 效

茭白含有蛋白质、维生素 A、维生素 C 及膳食纤维，可预防感冒、促进胃肠蠕动，且热量低、水分高，易产生饱腹感。

枸杞子炒鲜菇

增强免疫力 + 强化骨骼

材料：
香菇80克，泡发银耳50克，枸杞子20克

调味料：
盐、米酒各1/2小匙，香油、橄榄油各1小匙

做法：
1. 香菇洗净，汆烫，捞出切块备用。
2. 橄榄油入锅烧热，加入香菇块翻炒，续入泡发银耳、枸杞子炒熟。
3. 加入调味料拌匀即可。

滋补保健功效

　　香菇属于高钾低钠食材，能改善血液循环、降低血压，适量食用可增强机体免疫力，有助于骨骼和牙齿的生长发育。

滋补保健功效

　　黑木耳所含膳食纤维可使排便顺畅。绿豆芽富含维生素A、B族维生素、维生素E、蛋白质、钙、铁、钠等营养成分，能预防疾病，消除疲劳。

清炒黑木耳银芽

消除疲劳 + 润肠通便

材料：
黑木耳、绿豆芽各150克，芹菜75克，水10毫升，胡萝卜50克，香菜适量

调味料：
盐1/4小匙，橄榄油1大匙

做法：
1. 黑木耳、胡萝卜洗净，切丝；绿豆芽去根洗净；芹菜洗净，切长段备用。
2. 橄榄油入锅烧热，放入黑木耳丝、胡萝卜丝、芹菜段、水拌炒，以盐调味。
3. 放入绿豆芽略炒，盛盘后放上洗净的香菜装饰即可。

毛豆玉米笋

补充营养＋促进胎儿发育

材料：

毛豆仁50克，玉米笋20克，豆干1块，大蒜末10克，红辣椒5克

调味料：

盐1/4小匙，橄榄油2大匙

做法：

① 毛豆仁、玉米笋洗净，氽烫备用。

② 玉米笋切段，豆干切条；红辣椒洗净，切丝。

③ 橄榄油入锅烧热，爆香大蒜末、红辣椒丝，加入豆干条略炒，续入毛豆仁、玉米笋段拌炒至熟，再加适量盐调味即可。

滋 补 保 健 功 效

　　毛豆仁所含的铁易被人体吸收；所含卵磷脂有助于胎儿大脑发育。玉米笋含有维生素、蛋白质、矿物质，是营养价值较高的食材。

滋 补 保 健 功 效

　　小黄瓜能提振食欲，同时提高孕妇的免疫力；小黄瓜所含的多糖具有润肌美肤、促进毛发生长的作用。

开洋黄瓜

提振食欲＋润肌美肤

材料：

小黄瓜150克，虾米20克

调味料：

盐1/4小匙，橄榄油1大匙

做法：

① 小黄瓜洗净切片。

② 橄榄油入锅烧热，爆香虾米，加入小黄瓜片拌炒，加盐调味即可。

凉拌黄瓜嫩豆腐

调节血脂＋保护心脏

材料：

小黄瓜100克，豆腐2块，姜末、红辣椒末各适量

调味料：

酱油2小匙，香油、盐各1小匙

做法：

❶ 小黄瓜洗净，去蒂，切长条，加盐腌渍片刻。

❷ 锅中加水烧沸，将豆腐放入水中氽烫取出。

❸ 豆腐切片，与腌过的小黄瓜条一起摆放盘中。

❹ 将调味料与姜末、红辣椒末调成酱汁，淋在小黄瓜条和豆腐片上即可。

滋补保健功效

　　小黄瓜能降低胆固醇、血脂；豆腐中的皂苷也具有抑制人体对胆固醇吸收的作用。此菜肴具有保护心脏的功效。

滋补保健功效

　　芝麻的脂肪含量虽高，但主要是亚油酸，这是一种人体不可缺少的脂肪酸，有助于头发乌黑亮丽，有润肠通便的作用。

芝麻煎豆腐

乌发＋润肠通便

材料：

黑、白芝麻各20克，老豆腐半块，葱末10克，香菜适量

酱料：

大蒜末、红辣椒末各5克，姜末10克，白醋、酱油各2大匙，蜂蜜1小匙

调味料：

橄榄油1大匙

做法：

❶ 老豆腐切块，用纸巾吸干水分，两面蘸上黑、白芝麻。

❷ 将酱料混合拌匀备用。

❸ 橄榄油入锅烧热，将豆腐煎至金黄色，淋上酱料，撒上葱末，放上洗净的香菜装饰即可。

果醋胡萝卜丝

改善体质 + 保护视力

材料：
胡萝卜4根，冷开水1杯

调味料：
苹果醋1杯

做法：

1. 胡萝卜洗净，去皮刨成细丝，沥干水分后，放入密闭容器中。
2. 容器中倒入冷开水和苹果醋。
3. 将容器盖紧，放置在阴凉处腌渍2天即可。

滋 补 保 健 功 效

　　胡萝卜中丰富的维生素A可促进身体生长、防止呼吸道感染、保护视力；所含苹果醋可改善体质，维持身体的健康。

滋 补 保 健 功 效

　　多样的蔬菜可提供不同的营养成分，具有良好的保健功效。南瓜及胡萝卜中的营养成分具有抗氧化功效，可预防癌症。

醋渍什锦蔬菜

抗氧化 + 防癌

材料：
南瓜、圆白菜各200克，大白菜150克，小黄瓜30克，胡萝卜60克

调味料：
白醋4大匙，盐2大匙

做法：

1. 圆白菜、大白菜、小黄瓜洗净；南瓜洗净，去皮去瓤；胡萝卜洗净，去皮。所有材料均切成小块。
2. 蔬菜块加盐拌匀，密封静置约8小时。
3. 蔬菜腌渍好后，加入白醋拌匀即可。

红茄山药泥

提高记忆力 + 健胃整肠

材料：
山药150克，西红柿1个

调味料：
醋1½小匙，盐1/4小匙

做法：

❶ 西红柿洗净，去蒂切小块；山药洗净去皮，蒸熟，压成泥。

❷ 将醋和盐搅拌均匀，再与山药泥拌匀。

❸ 把西红柿块放在山药泥上即可。

滋 补 保 健 功 效

　　山药中的某些营养成分可提高记忆力；所含多糖与黏液蛋白能提高人体的免疫力，并具有调节消化系统、健胃整肠的作用。

滋 补 保 健 功 效

　　莲藕含有丰富的铁，能补血，有助于改善贫血；所含膳食纤维可刺激肠道蠕动，预防便秘，并有促进新陈代谢的作用。

毛豆莲藕

改善贫血 + 促进新陈代谢

材料：
毛豆仁100克，莲藕200克，葱1根，海苔丝适量

调味料：
橄榄油、豆瓣酱各1大匙，盐、白糖各1/4小匙

做法：

❶ 莲藕洗净去皮，切薄片；葱洗净，切斜段；毛豆仁洗净。

❷ 橄榄油入锅烧热，放入莲藕片炒透后，加入葱段、毛豆仁续炒。

❸ 加豆瓣酱、盐、白糖炒拌均匀，待毛豆仁炒熟后起锅，再撒上海苔丝即可。

黑色精力汤

清除代谢产物 + 滋润肠道

材料：
黑芝麻50克，海带150克

调味料：
盐适量

做法：

① 黑芝麻放入炒锅，以小火炒熟。

② 将海带放入水中泡软，切成大片。

③ 黑芝麻放入锅中，加海带片和水一起煮成汤，最后加盐调味即可。

滋补保健功效

黑芝麻有滋润肠道的作用；海带中的胶质可吸附肠道代谢产物，也能清除肠道废物。多喝此汤品有助于孕妇肠道的健康。

什锦紫菜羹

预防贫血 + 预防便秘

材料：
金针菇、胡萝卜丝各100克，紫菜5克，杏鲍菇3片，草菇6个，玉米粒40克，木耳丝、葱丝各10克，水适量

调味料：
酱油1小匙，白糖、陈醋各2小匙，盐1/2小匙，胡椒粉1/4小匙

做法：

① 紫菜泡水，待泡发后洗净，切丝；金针菇洗净，剥松；杏鲍菇、草菇洗净，切丝备用。

② 汤锅加水煮沸，放入葱丝以外的所有材料煮沸后，转小火，再煮约5分钟。

③ 加入所有调味料调匀，起锅前撒上葱丝即可。

滋补保健功效

金针菇低热量、高纤维，具有促进胃肠蠕动、降低胆固醇、预防骨质疏松等保健功效。紫菜的含铁量高，能预防贫血。

牛肉罗宋汤

补铁＋提高免疫力

材料：
牛腩450克，西红柿2个，土豆、洋葱各60克，葱花10克，水适量

调味料：
盐1小匙，胡椒粉1/4小匙

做法：

❶ 牛腩洗净，西红柿洗净去蒂，土豆、洋葱洗净去皮，以上材料全部切小块。

❷ 锅中加水煮沸，放入牛腩块汆烫，捞起沥干。

❸ 另取一锅放入牛腩块、西红柿块、土豆块和洋葱块，加入胡椒粉及水，以大火煮开，转小火续煮15分钟，起锅前加盐调味，撒上葱花即可。

滋补保健功效

　　牛肉的含铁量相当丰富，并且是易被人体吸收利用的血红素铁，可以预防怀孕期间缺铁性贫血的发生，也可以提高机体免疫力。

滋补保健功效

　　西红柿富含维生素A、B族维生素、维生素C、多种抗氧化物质，能消炎及抗病毒，降低感冒的发病率。土豆含有维生素C，有助于预防感冒。

西红柿香芋牛肉汤

预防感冒＋抗病毒

材料：
牛肋条300克，西红柿1个，土豆块200克，老姜50克，水1000毫升，葱花适量

调味料：
盐1大匙，胡椒粉、香油各适量

做法：

❶ 牛肋条洗净剁小块，汆烫捞出备用；西红柿洗净切块；老姜去皮切片。

❷ 将牛肋条块、老姜片、水加入锅中，大火煮沸后转小火炖约2小时。

❸ 土豆块、西红柿块加入锅中续煮，放入所有调味料搅拌均匀，撒上葱花即可。

南瓜蔬菜浓汤

保护视力 + 控制血糖

材料：
洋葱、胡萝卜各20克，西芹50克，土豆30克，南瓜200克，松子仁适量，牛奶100毫升，水适量

调味料：
盐1/4小匙，橄榄油1大匙

做法：
1. 洋葱去皮切丝；西芹洗净，切片；胡萝卜、土豆洗净，去皮切片；南瓜洗净，去皮去瓤，切块备用。
2. 橄榄油入锅烧热，将洋葱丝炒软，加入胡萝卜片、土豆片、西芹片、南瓜块拌炒，加水熬煮至软烂，待放凉后，放入果汁机中打匀。
3. 倒回锅中加热，加盐调味，加入牛奶搅拌均匀，撒上松子仁装饰即可。

滋 补 保 健 功 效

　　南瓜含有多种维生素，可保护视力和维持皮肤健康，适量食用还有助于抑制血糖升高，增强肝肾细胞的再生能力。

滋 补 保 健 功 效

　　食用南瓜可增强体力，易使人有饱腹感，且能帮助人体排出体内的代谢产物，并具有改善焦虑症状的功效。

元气南瓜汤

缓解焦虑症状 + 促进排毒

材料：
山药、紫山药各50克，南瓜150克，枸杞子20克，水1000毫升

调味料：
盐1/2小匙

做法：
1. 南瓜洗净，去皮去瓤，切块；山药和紫山药洗净，去皮，切小块；枸杞子洗净。
2. 热锅加水，放入南瓜块，煮约8分钟后，加入山药块、紫山药块、盐、枸杞子，煮至南瓜块、山药块熟即可。

131

鲜味海带芽汤

促进大脑发育 + 预防血管硬化

材料：
干海带芽20克，水600毫升，虾仁6只，墨鱼片100克，香菇4朵，姜丝10克

调味料：
盐1/4小匙，胡椒粉、香油各1小匙

做法：
❶ 香菇洗净切片。
❷ 将水煮沸，放入姜丝、虾仁、墨鱼片、香菇片、干海带芽煮沸。
❸ 以盐、胡椒粉调味，起锅前淋上香油即可。

滋 补 保 健 功 效

　　海带含碘量丰富，能促进胎儿大脑的发育，且有预防血管硬化的作用；所含胶质则可以促进肠道代谢产物排出。

蛤蜊清汤

促进新陈代谢 + 平稳情绪

材料：
蛤蜊600克，姜5片，葱1根，水适量

调味料：
盐3大匙

做法：
❶ 蛤蜊洗净，放入水中，加入2大匙盐，让蛤蜊吐出泥沙；葱洗净，切末。
❷ 汤锅加水煮沸，放入蛤蜊、姜片、葱末，加盐调味，待蛤蜊开口即可。

滋 补 保 健 功 效

　　蛤蜊是一种低热量、高蛋白的食材，食之可祛除体热，促进新陈代谢，对孕妇具有安神、平稳情绪的功效。

苋菜银鱼汤

消除疲劳 + 补钙

材料：
干贝20克，水500毫升，银鱼、生菜丝各20克，苋菜30克，姜末5克，葱花10克

调味料：
盐1/4小匙，白胡椒粉少许

做法：
1. 苋菜洗净，切小段，汆烫备用。
2. 汤锅加水煮沸后，放入干贝煮30分钟。
3. 续入苋菜段、姜末、银鱼煮沸，撒上葱花、生菜丝略煮，再以盐及白胡椒粉调味即可。

滋补保健功效
　　苋菜的维生素B₂可促进人体对其他营养成分的吸收，并能消除疲劳、增强体力。这道汤品含钙量丰富，适合孕妇食用。

补铁猪血汤

预防贫血 + 补血养肝

材料：
猪血50克，猪大肠100克，酸菜丝160克，红葱头1/2颗，韭菜60克，高汤300毫升

调味料：
盐1/4小匙，胡椒粉少许，橄榄油2大匙

做法：
1. 猪血切小块；猪大肠、韭菜洗净，切小段；红葱头洗净，切末备用。
2. 沸水锅中放猪血汆烫后捞出，再放入猪大肠段，煮沸后改中火煮3分钟，捞出备用。
3. 橄榄油入锅烧热，加入红葱头末，炒至金黄色，续入猪大肠段、酸菜丝、猪血块翻炒，加入高汤煮沸，放入韭菜段，以盐调味，撒入胡椒粉拌匀即可。

滋补保健功效
　　此汤品可补血养肝，猪血含有大量铁，铁是造血的必要原料。倘若母体摄取的铁不足，易有贫血的现象发生。

燕麦浓汤面包盅

降低胆固醇＋增强体力

材料：
燕麦片、洋葱各50克，西芹半棵，杂粮面包1个，鸡肉高汤500毫升，奶油10克

调味料：
盐1/4小匙

做法：

❶ 西芹洗净，去粗纤维，切丁；洋葱去皮切丁，备用；杂粮面包切开口，挖成碗状。

❷ 热锅，放入奶油熔化后，再加洋葱丁、西芹丁炒香。

❸ 加入燕麦片、鸡肉高汤，以小火熬煮约15分钟后放置冷却，再以果汁机打匀成浓汤，加盐调味，盛入面包碗内即可。

滋 补 保 健 功 效

　　燕麦富含B族维生素，可增强体力。研究指出，经常食用燕麦能降低血清总胆固醇，预防心脑血管疾病。

西蓝花鲜菇汤

提高免疫力＋活化细胞

材料：
鲜香菇4朵，金针菇30克，西蓝花200克，枸杞子5克，水800毫升

调味料：
酱油、香油各2小匙，陈醋1小匙，胡椒粉适量

做法：

❶ 西蓝花洗净，切小朵；鲜香菇洗净，去蒂切片；金针菇去尾部后洗净。

❷ 热锅加水，待水滚后放入步骤❶的材料。

❸ 待食材煮熟后，加入调味料调味，撒上洗净的枸杞子略煮即可。

滋 补 保 健 功 效

　　多食用含有丰富维生素A、维生素C的西蓝花，能提高免疫力，避免身体受寒，且能活化细胞、保护皮肤。

滋补药膳

杜仲炒腰花

强壮筋骨 + 为胎盘提供营养

材料：
杜仲、枸杞子各15克，猪腰200克，老姜5片，高汤、水各500毫升

调味料：
米酒1大匙，橄榄油2大匙，盐1/4小匙

做法：

❶ 杜仲加500毫升水熬煮成400毫升浓汁，枸杞子洗净备用。

❷ 猪腰横剖去筋膜，洗净，切片，放入沸水中氽烫。

❸ 热锅用橄榄油将老姜片爆香，加入高汤、枸杞子、杜仲浓汁、米酒、盐，煮沸后放入猪腰片，稍煮即可。

滋 补 保 健 功 效

杜仲有补益肝肾、保护肝脏、强壮筋骨的作用；猪腰含有丰富的蛋白质，可以为胎盘提供营养，以及恢复孕妇体力。

滋 补 保 健 功 效

乌参能促进胎儿大脑等重要器官的生长发育，对孕妇来说，乌参还可消除疲劳、保护视力、调节免疫功能、延缓衰老。

杜仲烩乌参

促进胎儿器官发育 + 延缓衰老

材料：
乌参250克，泡发黑木耳2朵，熟竹笋1根，杜仲10克，天麻、白芍各5克，葱段、姜片、水各适量

调味料：
橄榄油、酱油各1大匙，香油1小匙，盐、白糖各1/2小匙，水淀粉、米酒各适量

做法：

❶ 将杜仲、天麻、白芍加水熬煮成药汁。

❷ 乌参洗净，切块；黑木耳、熟竹笋洗净，切片。

❸ 橄榄油入锅烧热，爆香葱段、姜片后，放入步骤❷的材料拌炒，续放药汁及除水淀粉外的调味料，以小火煮5分钟，最后加入水淀粉勾芡即可。

黄芪猪肝汤

促进血液循环 + 抗菌护肝

材料:

麦门冬、枸杞子各15克,黄芪10克,葱段适量,姜3片,猪肝200克,猪大骨块100克,水600毫升,姜丝15克

调味料:

盐1/4小匙,胡椒粉、橄榄油各1大匙

做法:

1. 将除水外的材料洗净。黄芪、麦门冬、猪大骨块、葱段、姜片放入锅中,加水用大火煮沸后,再用小火续煮40分钟,取高汤备用。
2. 猪肝洗净,切成薄片,备用。
3. 橄榄油入锅烧热,爆香姜丝,放入高汤,大火煮沸后再加入猪肝片、枸杞子、盐和胡椒粉,煮熟即可。

滋 补 保 健 功 效

黄芪可补气生血,能促进全身血液循环,供给人体所需的营养成分,同时具有降低血压、利尿、抗菌和保护肝脏的功效。

滋 补 保 健 功 效

鸡肉是蛋白质含量丰富且脂肪含量低的肉品,为孕妇增强体力的优秀食材;黄芪可以提高免疫功能,增强孕妇对疾病的抵抗力。

黄芪枸杞子鸡汤

提高免疫力 + 增强体力

材料:

鸡肉120克,老姜2片,黄芪12克,枸杞子9克,水适量

调味料:

盐适量

做法:

1. 将鸡肉洗净,入沸水汆烫备用。
2. 将枸杞子洗净,与鸡肉、老姜片、黄芪、水一起放入陶锅中炖煮。
3. 待鸡肉熟烂,加盐调味即可。

阿胶牛肉汤

缓解疲劳 + 保胎安胎

材料：
牛肉 100 克，阿胶 15 克，麦门冬、生地黄各 12 克，甘草 6 克，姜丝、水各适量

调味料：
米酒、盐各适量

做法：

❶ 将麦门冬、生地黄、甘草洗净沥干；牛肉洗净，切片。

❷ 将牛肉片、麦门冬、生地黄、甘草、姜丝放入陶锅，加水炖煮约30分钟，再放入阿胶拌煮。

❸ 阿胶煮至溶化后，加入米酒、盐调味即可。

滋补保健功效

阿胶具有滋阴润燥的功效，可缓解疲劳，并且能够补血益气，对孕妇还有保胎安胎的作用。

阿胶蛋羹

益智健脑 + 促进细胞再生

材料：
阿胶15克，鸡蛋1个，水适量

做法：

❶ 将阿胶打碎放入锅中，加水稍煮，搅匀后将其煮化。

❷ 熄火起锅，倒入打匀的蛋汁即可。

滋补保健功效

鸡蛋是孕妇不可缺少的营养食材，内含的卵磷脂、胆碱对胎儿神经系统和身体发育有利，可益智健脑，并可促进细胞再生。

清蒸红枣鳕鱼

养血安神+补中益气

材料:
鳕鱼片150克,红枣3个,枸杞子、姜丝各10克,白芷5克,葱丝20克

调味料:
酱油、白糖各1大匙

做法:
1. 红枣、枸杞子、白芷洗净;枸杞子泡冷水;白芷泡热水约15分钟后,取出切细丝;红枣去核备用。
2. 白芷丝铺盘底,放上鳕鱼片、姜丝、红枣、枸杞子,蒸6~7分钟,摆上葱丝,再淋上调味料即可。

滋 补 保 健 功 效

　　红枣能补气养血,含有蛋白质、脂肪、糖类、维生素A、维生素C、钙、多种氨基酸,有养血安神、补中益气的作用,可以保护肝脏、增强体力。

首乌红枣鸡

促进肠道蠕动+养血安胎

材料:
鸡1/2只,桑寄生3克,何首乌9克,红枣5个,水适量

调味料:
盐适量

做法:
1. 将桑寄生、何首乌洗净;红枣洗净;鸡肉洗净,切块,汆烫去除血水。
2. 将鸡肉块与桑寄生、何首乌、红枣、水放入陶锅炖煮。
3. 待鸡肉块熟透,加盐调味即可。

滋 补 保 健 功 效

　　何首乌含有大黄酸,可促进肠道蠕动,还能促进营养成分吸收,并可预防便秘。桑寄生能养血安胎,对孕期腰痛有一定的舒缓作用。

冰糖参味燕窝

增强免疫力＋安胎养身

材料：
燕窝20克，干百合18克，水250毫升，东洋参、麦门冬、玉竹各3克，枸杞子、沸水、温水各适量

调味料：
冰糖适量

做法：
① 干百合洗净，以冷水泡发；枸杞子洗净。
② 燕窝以沸水浸至透明，发透后再以温水过水2～3次。
③ 将东洋参、麦门冬、玉竹加水煮沸，转小火煮至水剩一半，过滤取汁备用。
④ 将燕窝放入药汁中，再加百合、冰糖一起蒸熟即可。

滋补保健功效
　　燕窝含有丰富的活性蛋白，能增强孕妇的免疫力。孕妇进食此甜品，有安胎养身之效。

滋补保健功效
　　黑芝麻中的芝麻素抗氧化作用佳，能降低胆固醇，强化肝功能；所含丰富的铁可维持胎儿的正常发育，也能改善孕妇贫血。

黑芝麻山药蜜

改善贫血＋强化肝功能

材料：
山药150克，胡萝卜50克，黑芝麻粉2大匙，水适量

调味料：
蜂蜜2小匙，玉米粉1小匙

做法：
① 玉米粉和水混合调匀，制成玉米粉水备用。
② 山药、胡萝卜洗净去皮，切丁备用。
③ 汤锅中加入适量水煮沸，放入山药丁和胡萝卜丁煮25分钟。
④ 加入黑芝麻粉和蜂蜜拌匀，再用玉米粉水勾芡即可。

玉米芝麻糊

改善便秘＋润肠通便

材料：
黑芝麻90克，玉米粉40克

调味料：
白糖1小匙

做法：

❶ 将黑芝麻倒入锅中，加入水搅拌后，以小火煮沸。

❷ 将玉米粉倒入黑芝麻糊中，并加入白糖搅拌均匀，再煮5分钟即可。

滋 补 保 健 功 效

黑芝麻含有丰富的膳食纤维，能清除肠道中的代谢产物；玉米中的不饱和脂肪酸能润肠通便，预防便秘。

蜂蜜黑芝麻泥

保肝润肠＋护肤美容

材料：
黑芝麻粉75克

调味料：
蜂蜜7大匙

做法：

❶ 将黑芝麻粉和蜂蜜混在一起，搅拌均匀。

❷ 食用时用温开水冲泡即可。

滋 补 保 健 功 效

蜂蜜对肝脏有保护作用，还具有润肠的功效。食用蜂蜜有助于规律排便，清除肠道中的代谢产物，且能改善孕妇睡眠，具有护肤美容、保护血管的功效。

花生麻糬

补充营养

材料：
糯米粉100克，沸水500毫升，冷开水80毫升

调味料：
花生粉4大匙，白糖、橄榄油各2大匙

做法：

❶ 将冷开水倒入糯米粉中搅拌均匀，再搓揉至面团不黏手。

❷ 面团捏小块丢入沸水中，至所有面团浮至水面即可捞起。

❸ 在平底锅内涂抹少许橄榄油，防止面团粘锅，以擀面棍敲打面团至表面光滑，即为"米麻糬"。

❹ 手蘸温水，将米麻糬分成合适的大小，并将花生粉、白糖混合裹在米麻糬表面即可。

滋补保健功效

　　花生是蛋白质的良好来源，富含不饱和脂肪酸、膳食纤维，不含胆固醇，是天然低钠食物，适合孕妇食用以补充营养。

拔丝红薯

润肠通便＋稳定血压

材料：
红薯 200 克，鸡蛋 1 个，欧芹 5 克

调味料：
白糖2大匙，淀粉1大匙，橄榄油适量

做法：

❶ 红薯洗净去皮，切块备用；鸡蛋打散成蛋汁。

❷ 橄榄油入锅烧热，淀粉和蛋汁拌匀成糊状，用红薯块均匀蘸裹，放入油锅炸熟捞出。

❸ 另取一锅烧热，加白糖烧化，加入步骤❷的材料翻炒，使表面均匀沾上糖液，起锅后加洗净的欧芹装饰即可。

滋补保健功效

　　红薯是一种碱性食材，可稳定血压；所含丰富的维生素A能提高免疫力；所含丰富的膳食纤维有助于胃肠蠕动，可帮助孕妇排便顺畅，从而预防便秘。

金薯凉糕

补充营养＋预防便秘

材料：
红薯350克，琼脂20克，水200毫升，薄荷叶
适量

调味料：
白糖2大匙，盐1/4小匙，橄榄油1小匙

做法：

❶ 红薯洗净，去皮蒸熟，加盐调味，趁热压成
   薯泥。

❷ 取一容器，放入琼脂和白糖，倒水加热至琼
   脂和白糖溶化后，趁热倒入薯泥中，沿同一
   方向快速画圈搅拌均匀。

❸ 取一些模具，均匀抹上一层橄榄油，将薯泥
   过筛后，倒入模具待凉，放入冰箱中冷藏
   凝固即可，可放上洗净的薄荷叶装饰。

滋 补 保 健 功 效

　　红薯含有大量糖类，其中的
葡萄糖是脑细胞合成最重要的营
养；所含丰富的膳食纤维则可促
进消化、预防便秘。

滋 补 保 健 功 效

　　莲藕粉能健胃、整肠、通
便；红豆具有补血、健胃、通便
等功效，有助于孕妇利尿、消除
疲劳、抗氧化。

红豆莲藕凉糕

健胃整肠＋消除水肿

材料：
椰子粉10克，莲藕粉100克，红豆泥200克，
冷水100毫升，沸水150毫升

调味料：
白糖、橄榄油各1大匙

做法：

❶ 莲藕粉加入100毫升冷水拌匀，倒入150毫升
   沸水中，续入白糖搅拌成黏糊状的粉浆。

❷ 取一容器，先抹少许油以利脱模，将一半粉
   浆倒入容器铺平，蒸5分钟后取出。

❸ 将红豆泥铺在蒸过的粉浆上，再将另一半粉
   浆倒在红豆泥上，续蒸约25分钟。

❹ 待凉后放入冰箱冷藏1天，取出脱模后切成
   块，撒上椰子粉即可。

葡萄干蒸枸杞子

改善贫血＋提高免疫力

材料：
葡萄干、枸杞子各40克

做法：
① 葡萄干、枸杞子洗净。
② 将葡萄干、枸杞子放入蒸锅，蒸约半小时即可，可放上装饰物装饰。

滋补保健功效

葡萄干含有铁，可改善贫血；所含多酚类能预防健康细胞癌变；葡萄皮含有鞣酸，能提高孕妇免疫力及预防心血管疾病。

黑芝麻拌枸杞子

预防贫血＋提高免疫力

材料：
黑芝麻50克，枸杞子25克

调味料：
盐、白糖、香油各适量

做法：
① 将枸杞子洗净，入水汆烫沥干。
② 将黑芝麻洗净，放入炒锅以小火炒香，趁热加入枸杞子搅拌，再加入盐、白糖、香油拌匀即可。

滋补保健功效

黑芝麻含有大量维生素E，可预防孕妇贫血，也可促进胎儿脑细胞发育；枸杞子具有促进孕妇血液循环、提高免疫力的功效。

核桃酸奶沙拉

润肠通便＋护肤美容

材料：
西芹45克，苹果1个，葡萄干1大匙，核桃仁25克，酸奶1杯

做法：
❶ 西芹洗净，切小段。
❷ 苹果洗净去皮，去核，切小块。
❸ 将西芹段、苹果块、核桃仁放入大碗中，淋上酸奶、撒上葡萄干即可。

滋补保健功效

　　核桃仁所含的脂肪可帮孕妇润肠通便、护肤美容；酸奶富含乳酸菌，能清除体内代谢产物，让孕妇拥有好气色。

滋补保健功效

　　南瓜含有丰富的果胶，可加强胃肠蠕动，促进食物消化，使体内代谢产物顺利排出，适合有便秘困扰的孕妇食用。

南瓜酸奶沙拉

改善便秘＋补充元气

材料：
南瓜300克，葡萄干100克，莳萝适量

调味料：
酸奶300克，蜂蜜1大匙

做法：
❶ 将南瓜洗净，去瓤，切成小块。
❷ 将南瓜块放入碗中，盖上盖子上火蒸10分钟。
❸ 将调味料、葡萄干放入蒸好的南瓜中拌匀，放上洗净的莳萝装饰即可。

葡汁蔬果沙拉

补血 + 促进消化

材料：
去皮葡萄8颗，葡萄汁60毫升，葡萄干2小匙，生菜100克，苹果1个，玉米粒50克

调味料：
沙拉酱300克，果糖1小匙

做法：

❶ 生菜洗净，撕成小块；苹果洗净去核，切片备用。

❷ 将葡萄汁、沙拉酱、葡萄干、果糖、去皮葡萄放入碗中拌匀，即为葡萄沙拉酱汁。

❸ 将生菜块、苹果片、玉米粒放入碗中，淋上葡萄沙拉酱汁即可。

滋 补 保 健 功 效

葡萄含有丰富的铁，是补血的优质食材。孕妇多吃葡萄，不但对胎儿有益，亦能促进消化，使孕妇面色红润、血脉畅通。

滋 补 保 健 功 效

此甜点含有大量抗氧化物质，能够保护皮肤，让孕妇气色红润；苹果富含的膳食纤维，可促进消化，润肠通便。

高纤苹果卷饼

润肠通便 + 保护皮肤

材料：
苹果 60 克，苜蓿芽 20 克，豌豆苗、葡萄干各 10 克，蛋饼皮 2 张

调味料：
蜂蜜1小匙

做法：

❶ 苹果洗净去核，切成长条；苜蓿芽、豌豆苗洗净，沥干；蛋饼皮煎熟备用。

❷ 将苜蓿芽、豌豆苗铺在蛋饼皮上，再依序放入苹果条、葡萄干，淋上蜂蜜，再将蛋饼皮卷好后切段即可。

鲜果奶酪

提高免疫力 + 补铁补血

材料：

鲜奶油50毫升，鲜牛奶250毫升，明胶2片，樱桃6颗，猕猴桃丁20克，水100毫升，薄荷叶适量

调味料：

白糖2大匙

做法：

1. 明胶片泡水，待软后捞出；樱桃洗净，去梗去核，切丁。
2. 将鲜牛奶、白糖拌匀煮溶，再加入明胶片、鲜奶油拌匀，倒入碗中待凉。
3. 放入樱桃丁、猕猴桃丁和洗净的薄荷叶即可。

滋 补 保 健 功 效

　　樱桃的含铁量居水果之首，铁是怀孕期间孕妇所需的重要营养成分之一；猕猴桃含有丰富的维生素C，可提高孕妇免疫力。

滋 补 保 健 功 效

　　葡萄柚属于低脂高纤的水果，含丰富的叶酸、维生素A、维生素C，可促进胎儿神经系统发育，同时可增进孕妇食欲，使其皮肤和精神均保持良好状态。

葡萄柚香橙冻

促进胎儿发育 + 增进食欲

材料：

葡萄柚2个，柳橙汁400毫升，明胶粉12克，水100毫升，薄荷叶适量

调味料：

白糖4大匙

做法：

1. 葡萄柚去皮及筋膜，挑出果肉，切小块。
2. 锅中加入白糖及水，以小火煮至呈浆状后熄火，续入明胶粉快速混合均匀。
3. 杯中倒入葡萄柚块及柳橙汁稍加搅拌，待凉后放入冰箱冷藏至定型，放上洗净的薄荷叶装饰即可。

健脑核桃露

健脑益智 + 促进胎儿发育

材料：
核桃仁500克，水600毫升

调味料：
冰糖4大匙，玉米粉水10毫升

做法：
1. 冰糖加水煮溶后过滤，备用。
2. 核桃仁放入烤箱，烤至褐黄色后取出。
3. 将核桃仁和冰糖水用果汁机打成液体，过筛滤去粗粒后煮沸，再加入玉米粉水勾芡即可。

滋 补 保 健 功 效

　　核桃仁具有益于神经系统生长与发育的营养成分，孕妇食用，有助于胎儿大脑发育。

滋 补 保 健 功 效

　　麦芽含B族维生素、黄酮类化合物、麦角素和矿物质等营养成分，能促进消化，改善孕妇便秘问题。

冰糖麦芽饮

促进消化 + 改善便秘

材料：
麦芽30克，水1000毫升

调味料：
冰糖1大匙

做法：
1. 麦芽放入锅中，加水以大火煮沸，转小火续煮15分钟。
2. 加入冰糖调匀。
3. 沥出汤汁即可。

枸杞子明目茶

消除疲劳＋提高免疫力

材料：
枸杞子10克，水500毫升

调味料：
盐1小匙

做法：
❶ 枸杞子快速冲洗后，沥干备用。
❷ 汤锅加水，煮至滚沸后，放入枸杞子再度煮沸，转小火烹煮约3分钟即可熄火。
❸ 可加盐调味，也可直接饮用。

滋 补 保 健 功 效

　　本茶饮具有补充体力、保护视力、消除疲劳的功效，并可改善孕妇腰膝酸软、头晕等症状，提高孕妇免疫力。

滋 补 保 健 功 效

　　蜂蜜中的寡糖能促进肠道中的有益菌繁殖，帮助调整胃肠环境，提高肠道抵抗力；香油能滋润肠道、促进排便、改善排便不顺等症状。

香油蜜茶

滋润肠道＋促进排便

材料：
蜂蜜45克，温开水900毫升

调味料：
香油1½大匙

做法：
❶ 将蜂蜜放入大碗中，边加香油边搅拌至混合均匀。
❷ 温开水缓慢加入香油、蜂蜜中，搅匀即可。

养生豆浆

促进胎儿发育＋润肠通便

材料：
黄豆300克，水适量

调味料：
白糖120克

做法：
1. 黄豆洗净，泡水约3小时取出沥干。
2. 将黄豆放入豆浆机，加水至上下水位线之间，按下"豆浆"键。
3. 待豆浆煮好后，倒入杯中，加白糖搅拌至溶化即可。

滋 补 保 健 功 效

　　黄豆含有人体所需的多种氨基酸，能促进胎儿脑细胞发育；所含丰富的膳食纤维，有助消化、润肠通便的作用。

红枣枸杞子黑豆浆

预防便秘＋润滑肠道

材料：
黑豆80克，黑芝麻40克，枸杞子、红枣各30克，糯米100克，水适量

做法：
1. 黑豆、黑芝麻、枸杞子、红枣、糯米洗净，放入水中浸泡半小时。
2. 将步骤①的材料放入豆浆机，加水至上下水位线之间，按下"豆浆"键。
3. 待豆浆煮好后，倒入杯中稍凉即可饮用。

滋 补 保 健 功 效

　　黑豆浆富含膳食纤维，能促进肠道蠕动，帮助消化；黑芝麻含维生素E，可保持肠道健康，预防便秘。

腰果精力汤

润泽皮肤 + 补脑养血

材料：
熟腰果、冬瓜各20克，青豆10克，明日叶、菠萝、苜蓿芽、苹果各30克，冷开水适量

调味料：
蜂蜜2小匙

做法：
❶ 将除冷开水外的材料洗净；明日叶切段，青豆略烫后沥干，冬瓜、菠萝、苹果切小块备用。
❷ 将步骤 ❶ 的材料及苜蓿芽加入果汁机中略打碎。
❸ 续入熟腰果和蜂蜜略搅拌，再加入适量冷开水，搅拌均匀即可。

滋 补 保 健 功 效

　　腰果富含脂肪，可润泽皮肤、延缓衰老、通便润肠，搭配其他蔬果食用，不仅可控制体重，还能增强抵抗力、补脑养血。

滋 补 保 健 功 效

　　酸奶葡萄汁可增进食欲，促进胃肠蠕动，加速体内代谢产物的排出；并有增强孕妇免疫力、预防感冒、补血养气的功效。

酸奶葡萄汁

增进食欲 + 预防感冒

材料：
葡萄300克，原味酸奶200毫升，薄荷叶适量

调味料：
蜂蜜1/2小匙

做法：
❶ 葡萄洗净，去除蒂头和籽后，和原味酸奶一并放入果汁机中，转高速充分搅拌均匀。
❷ 将搅拌好的果汁滤渣后，加蜂蜜拌匀，放上洗净的薄荷叶装饰即可。

草莓乳霜

促进铁吸收 + 增强抗病力

材料：
草莓5颗，鲜牛奶100毫升，乳酸菌饮料30毫升

调味料：
柠檬汁、蜂蜜各1小匙

做法：
❶ 草莓洗净，去除蒂头备用。
❷ 所有的材料和调味料放入果汁机中，高速搅拌约5分钟，直到呈乳霜状即可。

滋 补 保 健 功 效

草莓含有大量维生素C，能促进铁的吸收，不仅对胎儿的造血功能相当有帮助，并可增加孕妇抗病能力，促进伤口愈合。

滋 补 保 健 功 效

此道饮品含多种果酸、维生素及矿物质，可预防贫血、增强体力，也有助于消化，还能使孕妇身心放松，发挥宁神安眠的作用，提高睡眠品质。

莓果胡萝卜汁

预防贫血 + 宁神安眠

材料：
草莓5颗，胡萝卜半根

调味料：
柠檬汁、蜂蜜各1小匙

做法：
❶ 草莓洗净，去除蒂头；胡萝卜洗净，去皮切块。
❷ 将草莓、胡萝卜块、调味料放入果汁机中搅打均匀即可。

妊娠第三期

以清淡、营养为主，宜减少盐分摄取

食补重点
● 此时期孕妇食欲增加，饮食原则应该以清淡、营养为主。
● 注意减少盐分的摄取，以免加重四肢水肿症状，引发妊娠高血压。

营养需求
● 在妊娠第三期可适当增加蛋白质、钙及必需脂肪酸的摄取，同时应适当限制糖类和脂肪的摄取。

推荐食材
● 牛奶、全谷类、黑豆、黄豆、黑木耳、黑芝麻、杏仁

 妊娠第三期要吃些什么？

1 富含蛋白质的食物：鸡蛋、鱼类、肉类、豆类、奶类等。

2 富含铁的食物：瘦肉（红肉）、猪肝、猪血、牡蛎、贝类、黄豆、红豆、紫菜、海带、黑木耳、黑芝麻、坚果，绿叶蔬菜等。

3 富含钙的食物：牛奶、虾米、小鱼干、蛤蜊、牡蛎、黑豆、黄豆、毛豆、豆干、豆皮、芥菜、圆白菜、黑芝麻、杏仁等。

4 富含维生素B_1的食物：牛奶、蛋黄、全麦、燕麦、动物内脏、肉类、鱼类、豆类、香菇、茄子、小白菜、黑木耳、坚果，绿叶蔬菜等。

为什么要这样吃？

1 在妊娠第三期摄取足够的蛋白质，一方面对孕妇产后乳汁分泌大有裨益。另一方面，足量的蛋白质能避免孕妇体力下降、胎儿生长迟缓。

2 日常饮食缺乏铁，除了会造成孕妇贫血，也会使胎儿体内铁的储存量相对减少，从而增加胎儿早产、胎儿出生时体重过轻的风险。

3 钙对胎儿骨骼和牙齿的生长发育影响很大，妊娠第三期时，随着胎儿的生长，其对钙的需求大增，此时如果孕妇的钙摄取不足，胎儿的生长和孕妇的健康都会受到影响。

4 维生素B_1摄取不足，易使孕妇出现呕吐、倦怠无力等症状，还可能影响生产时孕妇子宫收缩，导致难产。

中医调理原则

1 怀孕后期，不建议吃辛辣、燥热的食物，应以补气健脾、滋补肝肾的食物为主，有助于孕妇生产顺利。

2 临产时，不能服食过量的补气药，如西洋参、人参等，否则易导致生产时出血过多，从而危及产妇及胎儿的生命。

3 怀孕后期，应控制体重的增加，尤其是有妊娠高血压或水肿症状的孕妇，要注意盐分的摄取。

4 有妊娠糖尿病或体重已增加太多的孕妇，则要控制糖及热量的摄取，千万不可盲目进补或放任饮食。

孕期特征

1 妊娠第三期，除胎儿的体重迅速上升、胎动越来越频繁外，需要特别注意的是，此阶段是胎儿各个部位（尤其是大脑）发育的重要时期。

2 此时母体易发生下肢静脉曲张或会阴静脉曲张，常会出现背部酸痛、下肢水肿、行动不便等症状。

食疗目的

1 除了使胎儿的体重增加，还要促进胎儿其他组织的生长。

2 帮助孕妇与胎儿产生充足的血红蛋白，并促进胎儿健康发育。

3 防止孕妇出现小腿抽筋或牙齿受损的现象。

营养师小叮咛

1 饮食上，应控制盐分的摄取，下肢有明显水肿者及有妊娠高血压症状的孕妇，应避免食用咸肉、酱菜、榨菜等含盐量高的食物，以及罐头等加工食品。

2 若胎儿体重不足，孕妇可多食用牛奶、豆浆、鱼肉、牛腱等食物，为胎儿补充足够的营养。

3 适量控制脂肪和糖类的摄取。孕妇体重不宜过快过多增加，以免胎儿过大，影响分娩。

4 维生素C容易因清洗和高温被破坏，因此应尽量使用快速拌炒的方式烹调绿叶蔬菜，才能避免久煮或高温，造成维生素C流失。

5 韭菜、山楂等食物会造成子宫收缩，应避免大量食用。

营养需求表

一般怀孕女性每日营养成分建议摄取量（中国居民膳食营养成分参考摄取量）

营养成分	每日建议摄取量
蛋白质	［体重（千克）×（1~1.2）］克+10克
铁质	15毫克 + 30毫克
钙质	1200毫克
维生素B_1	1.1毫克 + 0.2毫克

妊娠第三期营养师一周饮食建议

时间	早餐	午餐	点心	晚餐
第一天	花生百合粥 第158页	滋补腰花饭 第157页 红豆白菜汤 第194页	香橙布丁 第208页	米饭1/2碗 干贝芦笋第165页 红茄绿菠拌鸡丝 第191页
第二天	鸡丁西蓝花粥 第159页	米饭3/4碗 香葱三文鱼 第161页 鲜笋沙拉 第182页	甜薯芝麻露 第204页	黄豆糙米饭 第155页 奶酪蔬菜鸡肉浓汤 第195页
第三天	山药糙米粥 第160页	什锦圆白菜饭 第157页 玉米浓汤 第194页	蔓越莓蔬果汁 第212页	米饭1/2碗 青豆虾仁蒸蛋 第167页 奶油焗白菜 第190页
第四天	紫薯粥 第160页	米饭3/4碗 小黄瓜炒猪肝 第168页 姜丝炒冬瓜 第185页	核桃仁紫米粥 第203页	高纤养生饭 第155页 当归枸杞子炖猪心 第200页
第五天	猪肝燕麦粥 第159页	米饭3/4碗 松子蒸鳕鱼 第162页 枸杞子炒金针 第179页	养身蔬果汁 第212页	米饭1/2碗 滑蛋牛肉 第174页 开洋西蓝花 第183页
第六天	红枣茯苓粥 第158页	南瓜火腿炒饭 第156页 金针菜猪肝汤 第197页	木瓜银耳甜汤 第206页	米饭1/2碗 香煎虱目鱼 第161页 红茄杏鲍菇 第187页
第七天	花生百合粥 第158页	米饭3/4碗 五彩墨鱼第165页 蒜香红薯叶 第189页	决明红枣茶 第211页	米饭1/2碗 鲜菇镶肉第172页 蒜末豇豆第186页

营养主食

黄豆糙米饭

促进脂肪代谢 + 缓解孕吐

材料：
黄豆50克，糙米200克，水350毫升

做法：
❶ 黄豆洗净，浸泡8小时；糙米洗净，浸泡4小时备用。
❷ 将黄豆和糙米加水放入电饭锅中煮熟即可。

滋 补 保 健 功 效

　　糙米可促进胃肠蠕动，解决孕妇便秘的困扰，且富含B族维生素，可促进新陈代谢，对孕吐等症状有改善作用。

高纤养生饭

补血益气 + 促进排便

材料：
小米20克，糯米70克，红枣30克，桂圆肉25克，红豆、葡萄干各15克，水适量

调味料：
黑糖20克

做法：
❶ 红枣洗净，用水浸泡约1小时；红豆、糯米洗净，用水浸泡约4小时；小米洗净。
❷ 将所有材料放入电饭锅，加入黑糖拌匀。
❸ 按下蒸饭开关，蒸至开关跳起后，再闷10分钟即可。

滋 补 保 健 功 效

　　此道饭食富含维生素、蛋白质、糖类，以及镁、铁、钙、钾等矿物质，可补血养气、补充体力、消除疲劳，所含膳食纤维则有助于排便。

南瓜苹果炖饭

刺激胃肠蠕动＋改善便秘

材料：

苹果丁、洋葱丝各250克，胡萝卜丝、四季豆各50克，南瓜丁200克，小香肠5条，大米500克，水600毫升，辣椒末10克，薄荷叶适量

调味料：

盐1/4小匙，胡椒粉少许，橄榄油2大匙

做法：

① 四季豆洗净，去老筋，切段；小香肠切片；大米洗净。

② 橄榄油入锅烧热，爆香洋葱丝，放入胡萝卜丝、小香肠片、苹果丁、南瓜丁、四季豆段炒软。

③ 倒入大米炒匀，加胡椒粉、辣椒末、盐和水，放入电饭锅煮熟，盛盘后放洗净的薄荷叶装饰即可。

滋 补 保 健 功 效

苹果可清除体内的胆固醇；所含的有机酸成分能刺激胃肠蠕动，并可以和膳食纤维共同作用，改善孕妇便秘问题。

滋 补 保 健 功 效

南瓜含有丰富的果胶，可促进胃肠蠕动；所含维生素A、类胡萝卜素能改善皮肤粗糙状况，达到柔肤美肌的效果。此道饭食可以促进营养的消化吸收，维持皮肤健康。

南瓜火腿炒饭

促进消化＋柔肤美肌

材料：

米饭500克，南瓜240克，青豆仁、蒜酥各20克，火腿100克

调味料：

盐1/4小匙，橄榄油1大匙

做法：

① 南瓜洗净，去皮去瓤，切小丁；火腿切小丁；青豆仁洗净备用。

② 橄榄油入锅烧热，将南瓜丁、火腿丁、青豆仁及蒜酥爆香，再加入米饭和盐拌炒均匀即可。

什锦圆白菜饭

润肠通便＋预防贫血

材料：
香菇、虾米各10克，五花肉片50克，蒜苗5克，
圆白菜100克，米饭150克

调味料：
酱油1大匙，胡椒粉1小匙，盐1/4小匙

做法：
❶ 香菇洗净，用水泡开切丝；蒜苗洗净，切段。
❷ 将五花肉片用小火炒至半熟，放入香菇丝、
   虾米、蒜苗段炒香，以酱油调味。
❸ 加入米饭、圆白菜丝拌炒，再以胡椒粉、盐
   调味即可。

滋补保健功效

　　圆白菜热量低，容易使人产
生饱腹感，还含有丰富的维生素K
及膳食纤维。膳食纤维能润肠通
便，有效预防孕妇便秘，并预防
贫血。

滋补保健功效

　　猪肝有养血、明目的作用，
猪腰能改善盗汗、腰痛、失眠等
症状，两者搭配食用，具有补肝
养血、增强体质的功效。

滋补腰花饭

增强体质＋补肝养血

材料：
猪肝、猪腰各60克，大米80克，葱丝、水各适量

调味料：
陈醋、香油、姜汁、米酒、白糖各适量

做法：
❶ 猪肝、猪腰分别洗净，剔除筋膜，切片
   备用。
❷ 将猪肝片和猪腰片入沸水快速汆烫后捞出，
   拌入所有调味料，静置约10分钟。
❸ 大米洗净，放入电饭锅中，加水烹煮约10分
   钟，再将步骤❷的食材平铺在米饭上，撒上
   葱丝，焖煮至食材熟透即可。

花生百合粥

开胃安神 + 消除疲劳

材料：

大米150克，小米30克，花生仁20克，干百合18克，水适量

调味料：

盐1/4小匙

做法：

❶ 干百合泡水沥干；花生仁加水煮烂，去皮；大米、小米淘洗干净。

❷ 汤锅加水，放入大米、小米煮沸，再加入花生仁、百合，大火煮开后，转小火续煮至食材软烂，加盐调味即可。

滋 补 保 健 功 效

　　百合有清心润肺、开胃安神等的功能，且所含微量元素可消除疲劳、增强免疫力，为适合孕妇食用的消暑粥品。

红枣茯苓粥

增强免疫力 + 改善水肿

材料：

大米80克，红枣10个，茯苓、鸡肉各20克，水适量

调味料：

盐1/4小匙

做法：

❶ 鸡肉洗净，切丝；红枣洗净，去核备用。

❷ 大米洗净放入锅中，加水以中火煮开，再转小火续煮成粥。

❸ 将红枣、茯苓、鸡肉丝加入粥中，熬煮至红枣变软，加盐调味即可。

滋 补 保 健 功 效

　　红枣有健脾胃、补血的作用；茯苓具有提高免疫力和自愈力的功效，可增强人体自我修复能力，并能改善孕妇怀孕后期的水肿症状。

鸡丁西蓝花粥

增强抵抗力 + 强健骨骼

材料：
燕麦100克，鸡胸肉30克，西蓝花50克，红甜椒10克，水适量

调味料：
盐1/4小匙

做法：

1. 鸡胸肉切碎；西蓝花洗净，汆烫后切小块；红甜椒洗净，切丝备用。
2. 燕麦加水煮软，加盐调味。
3. 把鸡胸肉碎放进粥中煮至颜色变白，再加入西蓝花、红甜椒丝煮熟即可。

滋 补 保 健 功 效

　　西蓝花含有丰富的类胡萝卜素、B族维生素、维生素C、蛋白质及硒、钙等营养成分，可增强孕妇对疾病的抵抗力、促进胎儿牙齿及骨骼的生长发育。

猪肝燕麦粥

补充营养 + 预防贫血

材料：
燕麦100克，水250毫升，胡萝卜10克，菠菜30克，猪肝50克，水适量

调味料：
盐1/4小匙

做法：

1. 菠菜、胡萝卜洗净，切碎；猪肝洗净，切薄片备用。
2. 汤锅放入燕麦加水煮软，放入胡萝卜碎、猪肝片煮到变色，再加入菠菜碎煮软，最后加盐调味即可。

滋 补 保 健 功 效

　　猪肝富含铁和维生素A、维生素B_1、维生素B_2、维生素B_{12}等多种营养成分。铁是形成血红蛋白的必需物质，能预防孕妇缺铁性贫血的发生。

山药糙米粥

提振精神 + 改善便秘

材料：

山药40克，胡萝卜丝10克，糙米、大米各100克，水适量

调味料：

盐1/4小匙

做法：

❶ 糙米、大米洗净，泡水1小时；山药洗净去皮，切小块备用。

❷ 将山药块、胡萝卜丝、糙米、大米、水放进锅里炖煮半小时，加盐调味即可。

滋 补 保 健 功 效

山药富含蛋白质，且其中的蛋白质易被人体吸收，能帮助孕妇消除疲劳、提振精神。多吃糙米，还可改善痔疮和便秘等问题。

紫薯粥

益气通乳 + 滋润皮肤

材料：

紫薯200克，大米90克，水适量

做法：

❶ 大米洗净；紫薯洗净去皮，切成3厘米见方的小块。

❷ 大米入锅，加水，煮沸后转小火。

❸ 放入紫薯块，续煮约20分钟至熟烂即可。

滋 补 保 健 功 效

紫薯含有蛋白质、多种维生素和矿物质，可以健脾益胃、益气通乳，还能够滋润皮肤，改善皮肤干燥的问题。

元气料理

香葱三文鱼

稳定情绪 + 润发美肤

材料：
葱段、葱丝各10克，三文鱼250克，大蒜末5克，高汤50毫升

调味料：
酱油1大匙

做法：
1. 将大蒜末、酱油、高汤拌匀，做成酱汁备用。
2. 三文鱼切块放入蒸盘，摆上葱段，淋上酱汁。
3. 在三文鱼块上铺上葱丝，以大火蒸15分钟即可。

滋补保健功效
　　三文鱼富含维生素A，能保护视力；所含B族维生素可稳定情绪。此道菜肴有助于解决孕妇皮肤干燥、头发干枯问题，还能预防感冒。

香煎虱目鱼

促进视觉发育 + 强化骨骼

滋补保健功效
　　虱目鱼含有蛋白质、氨基酸、EPA和DHA等营养成分，可促进胎儿视觉的发育，并可强化骨骼。

材料：
虱目鱼200克，柠檬片5片

调味料：
盐1/4小匙，米酒1小匙

做法：
1. 将虱目鱼抹上盐和米酒，腌渍30分钟备用。
2. 平底锅加热，鱼肚皮朝上入锅，盖上锅盖，用中小火慢慢煎至金黄色后翻面。
3. 续煎至熟盛盘，食用时挤些柠檬汁在鱼肚上即可，装盘时可放上柠檬片装饰。

松子蒸鳕鱼

补脑健体＋滑肠通便

材料：
鳕鱼150克，杏仁15克，核桃仁、松子仁各25克，葱丝、大蒜末、姜片各适量

调味料：
橄榄油1大匙，盐、酱油、米酒各适量

做法：
1. 鳕鱼洗净，均匀抹盐，淋上米酒，摆上姜片，放入电饭锅蒸熟。
2. 橄榄油入锅烧热，爆香葱丝、大蒜末，放入核桃仁、松子仁、杏仁、少许盐，以小火拌炒。
3. 把步骤2的食材浇在蒸熟的鳕鱼上，再淋上酱油即可。

滋补保健功效

核桃仁能补脑，松子仁能增强体力、消除疲劳，杏仁可止咳化痰、润肺下气。此道菜肴具有滋补肝肾、润肠通便的功效。

滋补保健功效

枸杞子可改善贫血、缓解疲劳；鳕鱼的蛋白质含量高且易被人体吸收，所含DHA、EPA等营养元素丰富，适当食用能促进胎儿大脑、肝脏及心脏的发育。

红杞白芷蒸鳕鱼

缓解疲劳＋改善贫血

材料：
鳕鱼150克，枸杞子10克，白芷25克，葱丝、姜丝各适量

调味料：
酱油1小匙

做法：
1. 鳕鱼洗净，切片；枸杞子、白芷分别洗净，白芷泡热水，15分钟后，切细丝备用。
2. 将白芷丝铺在盘底，摆上鳕鱼片、姜丝、枸杞子，放入蒸锅蒸熟。
3. 撒上葱丝，淋上酱油即可。

豆酥鳕鱼

促进钙吸收＋提高智力

材料：
鳕鱼片300克，豆酥50克，葱1根，大蒜末、香菜各适量

调味料：
白糖、米酒、辣豆瓣酱、白胡椒粉各1小匙，橄榄油1大匙

做法：

❶ 鳕鱼片放入蒸锅蒸熟，取出摆盘。

❷ 葱洗净，切葱花；香菜洗净备用。

❸ 橄榄油入锅烧热，将葱花、大蒜末、豆酥炒香，再加入香菜和所有调味料炒至香酥，淋在鳕鱼片上即可。

滋 补 保 健 功 效
　　鳕鱼富含可被人体快速吸收的氨基酸；所含DHA可促进胎儿大脑发育；所含维生素D可促进钙吸收，提供胎儿所需的养分。

奶汁鳕鱼

补充蛋白质等营养成分

材料：
鳕鱼200克，土豆40克，洋葱、胡萝卜各30克，红葱头10克，水2/3杯，脱脂鲜牛奶1杯，奶油2小匙

调味料：
盐、胡椒粉、面粉各少许

做法：

❶ 鳕鱼洗净切块，蘸少许面粉；洋葱去皮切片；土豆、胡萝卜洗净去皮，切块；红葱头洗净，切碎。

❷ 奶油放入炒锅炒化后，放入红葱头碎炒香，续入洋葱片、土豆块、胡萝卜块略炒。

❸ 另起锅，将鳕鱼块略煎后放入步骤❷的材料、脱脂鲜牛奶及水，以小火煮10分钟，续入盐、胡椒粉即可。

滋 补 保 健 功 效
　　鳕鱼是高蛋白食物，是摄取蛋白质的好食材。除富含DHA、EPA等营养成分外，还含有人体必需的维生素A、维生素D、维生素E，以及多种其他维生素。

163

香酥牡蛎煎

滋阴养血＋增强免疫力

材料：
牡蛎肉16个，茼蒿4棵，鸡蛋2个

调味料：
甜辣酱、橄榄油各1大匙，水淀粉3大匙，白胡椒粉少许

做法：
❶ 牡蛎洗净，沥干；茼蒿洗净，切小段；水淀粉加白胡椒粉搅拌均匀。
❷ 橄榄油入锅烧热，倒入牡蛎肉及水淀粉，鸡蛋打散入锅，再铺放茼蒿。
❸ 等水淀粉呈透明状，翻面续煎至茼蒿段和鸡蛋变熟。
❹ 食用时淋上甜辣酱即可。

滋 补 保 健 功 效
　　牡蛎具有滋阴养血、强身健体、安神健脑等多种功效。此道菜能强化孕妇体质，增强孕妇免疫力。

椒盐鲜鱿鱼

健脑益智＋改善贫血

材料：
新鲜鱿鱼400克，鸡蛋1个，面粉200克，大蒜5瓣，香菜末5克，红辣椒、洋葱块、黄椒块、红椒块、青椒块各20克

调味料：
盐1/4小匙，橄榄油适量

做法：
❶ 鱿鱼洗净，切块，加鸡蛋和盐抓匀，裹面粉放入油锅中炸熟。
❷ 大蒜去皮切片，红辣椒洗净切末，入油锅炸至酥脆。
❸ 橄榄油入锅烧热，爆香洋葱块，续入三种辣椒块快炒，放入炸熟的鱿鱼略拌，撒上大蒜末、红辣椒末、香菜末，加盐调味即可。

滋 补 保 健 功 效
　　鱿鱼的脂肪、热量极低；所含B族维生素可改善贫血，保护大脑。但因其含有诱发皮肤瘙痒的物质，过敏体质的孕妇应慎食。

干贝芦笋

补充叶酸 + 促进脑神经发育

材料：
鲜干贝、蘑菇各20克，芦笋100克，葱1根，红辣椒片适量

调味料：
盐1/4小匙，橄榄油1大匙

做法：
1 芦笋洗净，去外皮，切成小段；葱洗净，切末。
2 蘑菇洗净，切片，以开水略烫备用。
3 热锅加入橄榄油，爆香葱末、红辣椒片，放入鲜干贝、芦笋段拌炒，再加蘑菇片以大火略炒，最后加盐调味即可。

滋补保健功效

芦笋中的叶酸含量丰富，叶酸是胎儿脑神经发育的重要营养成分，也是造血的重要物质，孕妇应多加补充。

滋补保健功效

青椒含有维生素A、维生素K及可促进造血的铁，甜椒中的维生素C可活化脑细胞。经常食用这道菜肴，可补铁补血，增强抵抗力。

五彩墨鱼

促进造血 + 补铁

材料：
洋葱条、青椒条各10克，墨鱼100克，红椒条、黄椒条、西芹段各20克，香菜适量

调味料：
盐1/4小匙，橄榄油1大匙

做法：
1 所有材料洗净；墨鱼切花，备用。
2 橄榄油入锅烧热，放入墨鱼略炒，续入剩余材料以大火快炒，加盐调味即可。

菠萝虾球

控制血压 + 促进消化

材料：
菠萝1/4个，虾仁300克，薄荷叶适量

调味料：
盐1/4小匙，白糖1大匙，淀粉2小匙，橄榄油12大匙，沙拉酱适量

做法：

❶ 菠萝去皮，切丁备用。

❷ 虾仁去肠泥后洗净沥干，加盐、白糖腌渍约20分钟，裹淀粉放入油锅炸熟。

❸ 另取干锅放橄榄油，再放入菠萝丁略炒，续放入炸过的虾仁拌炒均匀，盛盘后挤上沙拉酱，放上洗净的薄荷叶装饰即可。

滋 补 保 健 功 效
　　菠萝果肉中的消化酶可促进消化、改善便秘，且有益于控制血压，防止怀孕期间血压升高，预防心血管疾病的发生。

滋 补 保 健 功 效
　　松子仁具有补脑的功效，有助于孕妇增强体力、消除疲劳，对于提高免疫力也有很好的作用。

松子香杧炒虾仁

增强体力 + 提高免疫力

材料：
松子仁5克，杧果1个，青椒50克，虾仁100克，大蒜末适量，蛋清1/2小匙

调味料：
白糖1/2小匙，盐、醋各1/4小匙，胡椒粉适量，橄榄油2小匙

做法：

❶ 松子仁放入烤箱，烘烤至外表呈金黄色取出；杧果去皮切块；青椒洗净切块；虾仁去肠泥洗净沥干后，拌入蛋清、胡椒粉，静置约20分钟备用。

❷ 橄榄油入锅烧热，爆香大蒜末，放入虾仁、青椒块略炒，加入盐、醋、白糖炒匀，再加入杧果块和松子仁拌匀即可。

青豆虾仁蒸蛋

活化细胞＋促进生长

材料：
鸡蛋2个，虾仁5只，青豆仁30克，水1.5杯

调味料：
盐适量

做法：

❶ 鸡蛋打散，以1∶2的比例将蛋汁和水混合后加盐，过滤泡沫后再放入蒸杯中。

❷ 虾仁挑去肠泥；青豆仁洗净备用。

❸ 将蒸杯放入蒸锅，蒸约5分钟，摆上虾仁及青豆，以小火续蒸约10分钟即可。

滋 补 保 健 功 效

　　虾肉中的锌是胎儿发育的重要营养成分。鸡蛋中的卵磷脂被人体吸收后，会参与细胞代谢，具有活化细胞、抗衰老的功效。

黄瓜嫩笋拌虾仁

保养关节＋抗衰除皱

滋 补 保 健 功 效

　　小黄瓜和竹笋含有丰富的维生素C，可促进体内胶原蛋白的形成，减少关节摩擦，保养关节，增加皮肤弹性，抗衰除皱。

材料：
小黄瓜70克，虾仁100克，竹笋30克，葱1/2根，姜1片

调味料：
橄榄油2小匙，米酒、酱油各1小匙，水淀粉1/2小匙

做法：

❶ 所有材料洗净；小黄瓜、竹笋切块；虾仁去肠泥；葱、姜切末。

❷ 橄榄油入锅烧热，爆香葱末、姜末，加虾仁、竹笋块和小黄瓜块，翻炒至熟。

❸ 放入米酒、酱油略炒，最后加水淀粉勾芡，拌匀即可。

洋葱香炒猪肝

降低血脂＋预防骨质流失

材料：

猪肝300克，洋葱80克，枸杞子10克，黄豆芽20克，葱段、香菜段、大蒜末各适量

调味料：

淀粉、橄榄油各2大匙，盐、陈醋各1小匙，香油适量

做法：

❶ 猪肝洗净切薄片，加入香油、淀粉、盐略腌渍；枸杞子洗净泡软；洋葱去皮切丝。

❷ 橄榄油入锅烧热，用中火将猪肝片炒散，捞出沥油。

❸ 锅内留1大匙橄榄油，以中火炒香洋葱丝、葱段、香菜段、大蒜末，加盐调味，续入猪肝片、黄豆芽、枸杞子快炒，淋上陈醋、香油即可。

滋 补 保 健 功 效

洋葱的维生素C、钾、钙、磷含量丰富，有助于增强孕妇的免疫力，降低血脂，并可预防骨质流失。

滋 补 保 健 功 效

小黄瓜有清热利尿的作用，猪肝可养肝、补血、明目，食用这道菜肴，具有清热解毒、养肝明目之功效。

小黄瓜炒猪肝

清热解毒＋养肝明目

材料：

小黄瓜300克，猪肝170克，姜片、红辣椒片各适量

调味料：

酱油1大匙，盐、米酒、淀粉各适量，橄榄油1小匙

做法：

❶ 小黄瓜洗净切片；猪肝洗净切片，拌入米酒、酱油、淀粉腌渍入味。

❷ 橄榄油入锅烧热，爆香姜片、红辣椒片，放入小黄瓜片、猪肝片一起拌炒。

❸ 加盐调味，拌匀即可。

软炸鸡肝

补肝养血 + 温补脾胃

材料：

鸡肝100克，黄豆粉、山药粉、红薯粉各25克，菠菜30克，葱末、姜末、水各适量

调味料：

橄榄油1小匙，盐、米酒、胡椒粉各适量

做法：

❶ 将黄豆粉、山药粉、红薯粉加水，拌匀成粉糊；菠菜去根洗净，切段后入沸水烫熟备用。

❷ 鸡肝冲洗干净，加葱末、姜末、除橄榄油以外的所有调味料抓腌入味后，再裹上粉糊。

❸ 橄榄油入锅烧热，放入鸡肝以小火炸透，和菠菜段一起盛盘即可。

滋 补 保 健 功 效

鸡肝含有丰富的蛋白质、钙、铁及维生素A、维生素B₁、维生素B₂等，能补肝养血、温补脾胃，还具有促进胎儿正常生长发育的作用。

韭黄嫩炒羊肝

明目宁心 + 温补肾气

材料：

韭黄150克，羊肝50克，葱末、姜末各适量

调味料：

橄榄油、酱油各1小匙，淀粉1/2小匙，盐适量

做法：

❶ 韭黄洗净切段；羊肝洗净切片，加入酱油、淀粉拌匀，静置约10分钟。

❷ 橄榄油入锅烧热，加入羊肝片炒至变色后，再放入韭黄段、葱末、姜末一起拌炒。

❸ 加盐调味，拌匀即可。

滋 补 保 健 功 效

韭黄属温性食物，有健胃、提神、保暖的功效；羊肝含锌，能养血、补肝、明目。食用这道菜肴可明目宁心、温补肾气。

香煎牛肝酱

预防贫血 + 促进代谢

材料：

牛肝400克，饼干数片，大蒜末、姜片、黄油各50克，胡萝卜丁、红椒丁、芹菜丁、香菜叶各适量

调味料：

橄榄油、淀粉各1大匙，盐1小匙，香蒜粉、茴香粉各5克，黑胡椒粉1/4小匙

做法：

1. 牛肝切小块，浸水，取出备用。
2. 橄榄油入锅烧热，放入姜片、大蒜末和牛肝块，以小火炒10分钟，起锅沥油。
3. 将步骤2的材料和所有调味料放入破壁机绞成泥，加入黄油拌匀，倒入模具置于冰箱冷藏，食用前以平底锅煎成金黄色，铺在饼干上，放上洗净的香菜叶、胡萝卜丁、红椒丁、芹菜丁即可。

滋 补 保 健 功 效

牛肝营养丰富，含有多种氨基酸，能促进肌肉生长；所含铁可预防贫血；所含B族维生素有助于新陈代谢。

滋 补 保 健 功 效

猪肉有增强体力、消除疲劳、促进代谢等多重功效，茼蒿具有调节血压、补脑的作用。适量食用这道菜肴有益于孕妇身体健康。

茼蒿炒肉丝

消除疲劳 + 增强体力

材料：

猪肉75克，茼蒿125克，大蒜3瓣，红辣椒1/2个

调味料：

橄榄油2小匙，盐1/4小匙

做法：

1. 猪肉洗净，切丝；大蒜去皮，切末；红辣椒洗净，切末；茼蒿洗净，切段。
2. 橄榄油入锅烧热，爆香大蒜末和红辣椒末，加入猪肉丝和茼蒿段一起翻炒。
3. 加盐调味，炒匀即可。

冬瓜烩排骨

改善水肿 + 通便整肠

材料：
冬瓜200克，排骨块300克，大蒜20瓣，葱1根，香菜适量

调味料：
Ⓐ 盐1/4小匙，酱油、水淀粉各1大匙
Ⓑ 橄榄油12大匙
Ⓒ 淀粉200克

做法：
❶ 葱洗净切段，大蒜去皮拍碎；冬瓜洗净，去皮去瓤切块。
❷ 调味料Ⓑ入锅烧热，将排骨块蘸调味料Ⓒ后，放入油锅炸熟。
❸ 将排骨块、冬瓜块、大蒜末、葱段放入蒸盘蒸20分钟后，将蒸出的汤汁倒出，再加入调味料Ⓐ勾芡，放上洗净的香菜即可。

滋补保健功效

　　冬瓜热量及含钠量低，有生津止渴、清胃降火的功效，能改善孕妇水肿，且富含膳食纤维，可通便整肠，帮助排便顺畅。

香梨烧肉

抗氧化 + 促进消化

材料：
猪瘦肉100克，水梨50克，白芝麻1小匙，大蒜（去皮）2瓣，葱2根

调味料：
橄榄油、酱油各1大匙，白糖1小匙

做法：
❶ 猪瘦肉洗净切片；水梨洗净去皮、核，果肉打成泥；大蒜和葱洗净切末。
❷ 将水梨泥和猪瘦肉片拌匀，腌渍约5分钟后，再加入酱油、白糖和大蒜末，再腌渍约30分钟。
❸ 橄榄油入锅烧热，放入猪瘦肉片煎熟，撒上白芝麻和葱末即可。

滋补保健功效

　　水梨含有维生素A及胡萝卜素，是很好的抗氧化食物，同时还富含果胶，能帮助消化，促进胃肠蠕动，改善孕期便秘问题。

鲜菇镶肉

强化骨骼＋抗病毒

材料：
胡萝卜15克，猪肉末200克，鸡蛋1个，干香菇6朵，葱1根，香菜适量

调味料：
盐2小匙，白糖、米酒各1小匙，水淀粉3大匙，淀粉适量

做法：

❶ 干香菇泡软洗净，去蒂，里面抹上淀粉；鸡蛋取蛋清；胡萝卜、葱、香菜洗净，切末。

❷ 猪肉末加胡萝卜末、葱末、蛋清、1小匙盐、米酒拌匀，均匀镶入香菇中，摆盘后放入蒸笼蒸约5分钟，取出。

❸ 锅中加1小匙盐、白糖和水淀粉，以小火煮成芡汁，淋在香菇上，撒上香菜末即可。

滋 补 保 健 功 效

香菇含有一般蔬菜所缺乏的维生素D，可增强抵抗力、强化骨骼和促进牙齿发育，并能改善高血压症状，还具有抗癌、抗病毒的作用。

羊小排佐薄荷酱

补虚劳＋益气血

材料：
羊小排200克，奶油2大匙

调味料：
Ⓐ 酱油3大匙，陈醋1小匙
Ⓑ 薄荷叶12克，肉桂10克，大蒜末30克，红酒1大匙，辣椒末、罗勒末各适量

做法：

❶ 羊小排加入调味料Ⓐ，泡腌约40分钟。

❷ 热锅加入奶油，将羊小排放入锅中，每面煎约3分钟，至表皮香酥。

❸ 取出羊小排，放入已预热的烤箱中，以230℃烤约3分钟。

❹ 食用前淋上调味料Ⓑ即可。

滋 补 保 健 功 效

羊肉可以补虚劳、益气血，缓和孕妇四肢不温、体力不佳的症状；同时富含维生素B₁₂和铁，可预防贫血。

橘香煎牛排

促进代谢 + 益气补血

材料：
橘子600克，牛排200克，柳橙皮丝10克

调味料：
橙醋、白糖各2大匙，橄榄油1小匙

做法：
1. 橘子去皮，果肉榨汁备用。
2. 橄榄油入锅烧热，将牛排煎至五分熟。
3. 加入橘子汁、白糖和橙醋一起煮至八分熟，撒上柳橙皮丝即可，可放上橘子瓣、西红柿块、生菜叶装饰。

滋补保健功效

牛肉富含铁、维生素B$_{12}$，对人体造血功能非常重要，且能促进人体新陈代谢；还能益气补血，进而为身体提供能量，消除疲劳。

洋葱牛小排

改善供血 + 消除疲劳

滋补保健功效

洋葱含硫化物，能抑制血小板凝聚，稀释血液，改善大脑供血，预防血栓，还能消除紧张情绪和疲劳感。

材料：
去骨牛小排600克，洋葱1/2个

调味料：
橄榄油、酱油各3大匙，冰糖1小匙，黑胡椒粉少许

做法：
1. 洋葱洗净去皮，切丝；去骨牛小排切成细条。
2. 橄榄油入锅烧热，以中火将洋葱丝炒至金黄微焦；另起一锅，放入橄榄油，将牛小排条煎至七分熟备用。
3. 将洋葱丝和牛小排条放入锅中拌炒，加入剩余调味料，炒至牛小排九分熟即可。

滑蛋牛肉

补气强身 + 提高免疫力

材料：

鸡蛋5个，牛肉150克，葱花30克，香菜叶适量

调味料：

Ⓐ 橄榄油3大匙

Ⓑ 盐1/4小匙，米酒、酱油各1大匙，淀粉1小匙，水15毫升

做法：

❶ 牛肉切薄片，用调味料Ⓑ腌20分钟。

❷ 鸡蛋打散，加盐打匀，放入葱花搅匀备用。

❸ 调味料Ⓐ入锅烧热，将牛肉片大火过油至八分熟时捞出沥干，放进蛋汁中搅拌均匀。

❹ 锅中留1大匙油烧热，倒入蛋汁牛肉，用铲子在锅中转圈滑炒，炒至蛋汁呈八分熟即可，可放上洗净的香菜叶装饰。

滋补保健功效

　　牛肉可预防贫血，维持大脑功能正常，提高机体免疫力。怀孕中、后期多食用牛肉，可调节孕妇体内激素水平，补气强身。

阳桃牛肉

预防肥胖 + 降低血糖

材料：

牛肉75克，阳桃100克，葱1根，红辣椒1/2个，水1小匙

调味料：

橄榄油1大匙，酱油1小匙，盐1/4小匙

做法：

❶ 阳桃洗净，榨汁；牛肉切薄片，用酱油和水腌渍15分钟；葱洗净，切段；红辣椒洗净，切片。

❷ 橄榄油入锅烧热，爆香葱段、红辣椒片，加入牛肉片炒至八分熟。

❸ 加盐和阳桃汁，略炒即可。

滋补保健功效

　　阳桃含有对孕妇健康有益的多种营养成分，能减少身体对脂肪的吸收，预防肥胖，同时保护肝脏，降低血糖。

红烧牛肉

滋补养身 + 促进消化

材料：
牛腿肉150克，姜10克，葱20克，上海青、胡萝卜、山药各50克，水适量

调味料：
酱油膏1小匙，白糖2小匙，橄榄油1大匙

做法：
1. 除水外的材料洗净。牛腿肉切小条；胡萝卜、山药去皮切片，分别氽烫备用；姜、葱切末。
2. 橄榄油入锅烧热，爆香葱末、姜末，将调味料加入略炒，并放入其余材料略煮，再加1/2杯水烧煮至收汁即可。

滋补保健功效
牛肉能增强机体的抵抗力，含铁量丰富，具补血功效。山药含多种氨基酸及植化素，能滋补养身，促进消化。

滋补保健功效
牛肉所含的铁相当丰富，对于容易产生缺铁性贫血问题的孕妇来说，牛肉是补充铁的极佳来源。

牛肉炒豆腐

补铁 + 预防贫血

材料：
洋葱10克，牛肉片、豆腐、魔芋丝各40克，葱段适量

调味料：
橄榄油2小匙，酱油、米酒各1小匙

做法：
1. 洋葱去皮，切丝；豆腐切块。
2. 橄榄油入锅烧热，放入豆腐块煎至两面呈金黄色。
3. 酱油、米酒倒入锅中以小火煮开，加入牛肉片、葱段、洋葱丝、豆腐块、魔芋丝煮熟即可。

红烧蘑菇香鸡

补血益气＋强化体质

材料：

鸡腿2只，蘑菇200克，姜末、大蒜末、迷迭香各适量

调味料：

盐、胡椒粉各适量，陈醋5小匙，酱油2小匙，橄榄油3小匙

做法：

❶ 鸡腿切块，洗净，均匀抹上一层盐和胡椒粉，静置约20分钟。

❷ 橄榄油入锅烧热，将鸡腿块煎到逼出油脂后取出；续用同一锅，爆香姜末、大蒜末、陈醋后，放入鸡腿块和蘑菇拌炒。

❸ 放入迷迭香、酱油，转小火续煮半小时即可。

滋补保健功效

鸡肉是提供优质蛋白质的最佳食材之一，可强化体质，促进肌肉生长；所含丰富的铁可改善贫血，补血益气。

菠萝苦瓜鸡

消暑明目＋清热解毒

材料：

菠萝（去皮）100克，苦瓜500克，鸡腿2只，腌冬瓜50克，姜6片，水1200毫升

调味料：

盐1/4小匙

做法：

❶ 苦瓜洗净，剖开，去籽切块；菠萝切成和苦瓜大小相同的块，备用。

❷ 鸡腿切小块，热水氽烫后洗净备用。

❸ 将所有材料放入锅中，大火煮开后，转小火煮约2小时，加盐调味即可。

滋补保健功效

苦瓜的营养成分包括蛋白质、膳食纤维等，其维生素C的含量居瓜类之冠。孕妇常吃苦瓜，有清热、消暑、明目、解毒的功效。

香烤鸡肉饼

补充蛋白质＋消除疲劳

材料：
鸡胸肉150克，葱1/2根，大蒜末、香菜各5克，鸡蛋1个，葱丝适量

调味料：
盐1/4小匙，胡椒粉少许

做法：

❶ 鸡胸肉剁碎；葱、香菜洗净，分别切末；鸡蛋打散成蛋汁。

❷ 将鸡肉泥、葱末、香菜末、大蒜末和调味料拌匀，淋上打匀的蛋汁，放入已预热的烤箱中，以200℃烤约40分钟即可，可放上葱丝装饰。

滋补保健功效

鸡肉为理想的蛋白质来源，既有营养，又利于控制体重；其富含的B族维生素具有消除疲劳、保护皮肤的作用。

滋补保健功效

鸡肉富含蛋白质、多种氨基酸、维生素A、维生素C，而且脂肪含量低，其中大部分为不饱和脂肪酸，是孕妇补充营养的好食材。

元气鸡肉饼

补充营养

材料：
鸡肉末250克，面包粉50克，胡萝卜泥150克，姜泥10克，鸡蛋1个，欧芹、小西红柿各适量

调味料：
盐1小匙，酱油、红薯粉各1大匙，米酒1/2小匙，橄榄油1½大匙

做法：

❶ 将橄榄油以外的调味料拌匀；欧芹、小西红柿洗净，小西红柿对切；鸡蛋取蛋黄备用。

❷ 将鸡肉末、面包粉、胡萝卜泥、姜泥、蛋黄搅拌均匀，再将调味料分3次倒入材料中。

❸ 将步骤❷的材料搓揉至有黏性后，制成8个椭圆形的肉饼。

❹ 取平底锅热橄榄油，将肉饼分批煎熟，盛盘后撒上欧芹和小西红柿即可。

芋香鸭肉煲

改善身体机能 + 利尿消肿

材料：
鸭肉300克，芋头100克，姜片20克，水600毫升，欧芹末适量

调味料：
盐1/4小匙，橄榄油2大匙

做法：
1️⃣ 鸭肉剁小块，放入沸水氽烫，捞出洗净。
2️⃣ 芋头去皮洗净，切块备用。
3️⃣ 橄榄油入锅烧热，将芋头块以小火炸至表面酥脆，捞出沥干油分。
4️⃣ 用余油略炒姜片、鸭肉块后盛起。
5️⃣ 将芋头块、鸭肉块、水和盐放入锅中煮熟，食用前捞出浮油及姜片，撒上欧芹末即可。

滋 补 保 健 功 效

鸭肉属于B族维生素、维生素E含量较多的肉类，且钾、铁、铜、锌等营养成分含量丰富，能利尿消肿、改善孕妇身体机能。

橙汁鸭胸

促进铁吸收 + 增强抗病能力

材料：
鸭胸200克，柳橙片10片，香菜适量

调味料：
柳橙汁、橄榄油各2大匙，白糖适量

做法：
1️⃣ 鸭胸皮面上切交叉斜刀，勿切断。
2️⃣ 橄榄油入锅烧热，将鸭胸皮面朝上，以小火煎至金黄色后，翻面煎熟，起锅切成片摆盘。
3️⃣ 将柳橙汁、白糖、柳橙片，以小火煮至浓稠，淋在鸭胸肉片上，放上洗净的香菜即可。

滋 补 保 健 功 效

柳橙含有丰富的维生素C，可强化血管功能，增强孕妇体力，消除疲劳，并能促进铁的吸收，增强抗病能力。

枸杞子炒金针

补铁养血＋改善脏腑机能

材料：
枸杞子20克，新鲜金针菜200克，姜丝10克

调味料：
盐1/4小匙，橄榄油1大匙

做法：

❶ 枸杞子洗净，泡软备用。

❷ 新鲜金针菜去蒂洗净，入沸水汆烫后捞出，浸泡在水中，备用。

❸ 橄榄油入锅烧热，爆香姜丝，放入枸杞子、金针菜拌炒，加盐调味即可。

滋补保健功效

　　金针菜的含铁量很高，是非常适合孕妇养血的食材，亦能改善脏腑功能，具有利尿、止血、消肿等功效。

滋补保健功效

　　金针菜含有丰富的钙、铁、蛋白质，具有造血、补血、利尿消肿、促进胆固醇代谢、强化脏腑的功能，很适合孕妇食用。

凉拌金针

强化脏腑功能＋造血补血

材料：
新鲜金针菜300克，白芝麻适量

调味料：
橄榄油、醋各1/2大匙，盐1/4小匙

做法：

❶ 所有调味料拌匀做成酱汁，放入冰箱冷藏。

❷ 金针菜洗净汆烫后，再泡冰水冰镇，沥干装盘。

❸ 食用时用冰镇的酱汁拌匀，撒上白芝麻即可。

金针烩丝瓜

利尿消肿 + 止咳化痰

材料：

金针菜20克，丝瓜条300克，虾米5克，水适量

调味料：

盐少许，米酒、香油各1/2小匙，橄榄油、淀粉各2小匙

做法：

❶ 金针菜洗净，汆烫备用。

❷ 橄榄油入锅烧热，加虾米炒香。

❸ 续入丝瓜条、水一同烧煮。

❹ 加入金针菜及所有调味料煮熟即可。

滋补保健功效

　　丝瓜水分含量高，并有丰富的维生素C，可提高免疫力；所含皂苷有止咳化痰的作用。金针菜具有利尿、止血、消肿等功效。

肉末炒丝瓜

促进消化 + 改善便秘

材料：

丝瓜250克，猪肉末50克，姜20克，大蒜片、水各适量

调味料：

低盐酱油、橄榄油各2小匙，胡椒粉1/6小匙，白糖1/4小匙

做法：

❶ 丝瓜去皮切片；姜洗净，带皮切末备用。

❷ 橄榄油入锅烧热，加姜末、大蒜片爆香。

❸ 放入猪肉末及调味料，拌炒至六分熟。

❹ 加入丝瓜片及水，焖煮至熟即可。

滋补保健功效

　　丝瓜含有B族维生素、维生素C、蛋白质、糖类；所含膳食纤维可清除肠壁杂质，促进消化，改善便秘。

油焖丝瓜

抗病毒＋预防感冒

材料：
丝瓜500克，葱段适量，百合、枸杞子各10克，姜末5克，水100毫升

调味料：
白糖、酱油各1小匙，橄榄油1大匙

做法：
1. 丝瓜去皮，洗净切块，用冷水浸泡，备用。
2. 橄榄油入锅烧热，爆香葱段、姜末，放入丝瓜块略炒，加酱油和水，以小火焖煮。
3. 煮至汤汁略收、丝瓜块熟烂时，加枸杞子、百合、白糖续焖3分钟即可。

滋 补 保 健 功 效

　　丝瓜富含皂苷，能保护人体免疫系统；富含维生素C，可提高机体抵抗力，有抗病毒、预防感冒的作用。

凉拌丝瓜竹笋

清洁肠道＋抗病强身

材料：
丝瓜、竹笋各60克，薄荷叶、黑芝麻各适量

调味料：
酱油1大匙，陈醋、香油、红辣椒末各1小匙

做法：
1. 丝瓜、竹笋分别洗净，去皮切丝，汆烫后捞出过凉，沥干备用。
2. 将丝瓜丝、竹笋丝放入大碗中，加入所有调味料拌匀，撒上黑芝麻，放上洗净的薄荷叶装饰即可。

滋 补 保 健 功 效

　　丝瓜有极佳的解毒功效，有助于利尿消肿。竹笋所含的膳食纤维能清洁肠道，并有助于净化血液，提高人体的抗病能力。

四季豆炒鲜笋

改善贫血 + 缓解便秘

材料：
四季豆120克，海苔2片，鲜竹笋200克，大蒜末10克，红辣椒末2克，冷开水200毫升

调味料：
盐、白糖各1/4小匙，柠檬汁1大匙

做法：
❶ 鲜竹笋剥去外壳，切粗条备用；海苔剪成细丝；四季豆去老筋，洗净切段。
❷ 四季豆段、鲜竹笋条入水汆烫后捞起，放入冷开水中冷却，沥干盛盘。
❸ 步骤❷中加入大蒜末、红辣椒末和调味料拌匀，撒上海苔丝即可。

滋 补 保 健 功 效

　　四季豆富含铁，可改善贫血症状；所含膳食纤维大部分是非水溶性的，可促进胃肠蠕动，缓解便秘。

滋 补 保 健 功 效

　　竹笋中的膳食纤维能清洁肠道，维生素C可增强抵抗力。竹笋高纤低脂，具有刺激胃肠蠕动、促进消化的作用。

鲜笋沙拉

促进消化 + 清洁肠道

材料：
竹笋120克，西蓝花、胡萝卜片各适量

调味料：
蛋黄酱适量

做法：
❶ 竹笋洗净，放入沸水中煮约20分钟。
❷ 将煮熟的竹笋去皮切块，放凉后盛盘。
❸ 将蛋黄酱淋在竹笋块上即可，可放上洗净的西蓝花和胡萝卜片装饰。

蒜香茭白

补充营养

材料：
茭白300克，樱花虾100克，大蒜末、胡萝卜各30克，香菜叶适量

调味料：
盐1/4小匙，胡椒粉1小匙，橄榄油1大匙

做法：
1. 茭白洗净，切片；胡萝卜洗净去皮，切丝备用。
2. 橄榄油入锅烧热，爆香大蒜末，加入樱花虾、茭白片、胡萝卜丝和调味料拌炒均匀，撒上洗净的香菜叶即可。

滋 补 保 健 功 效

茭白热量低，膳食纤维含量丰富，含有钙、磷、铁、维生素A、维生素B$_1$、维生素B$_2$、维生素C等营养成分，是适合孕妇怀孕后期食用的健康食材。

滋 补 保 健 功 效

虾米含有蛋白质、钙、甲壳素，有助于补钙健骨，预防骨质流失；西蓝花含有槲皮素、类黄酮，具抗癌抗菌效果。

开洋西蓝花

补钙健骨 + 抗癌抗菌

材料：
虾米25克，大蒜片适量，西蓝花200克，红辣椒1/2个，水1大匙

调味料：
盐、白糖各1/4小匙，米酒1/2大匙，橄榄油1小匙，香油1/6小匙

做法：
1. 红辣椒洗净切片；西蓝花洗净，切小朵，氽烫后捞起沥干。
2. 橄榄油入锅烧热，爆香大蒜片、红辣椒片、虾米，加西蓝花、水炒匀。
3. 续加盐、白糖、米酒煮沸，盛盘，再淋上香油即可。

奶油草菇炖西蓝花

补充元气＋预防贫血

材料：

草菇100克，西红柿1个，鲜牛奶200毫升，奶油1小匙，西蓝花300克

调味料：

盐1/2小匙，白糖1/4小匙，橄榄油2小匙，黑胡椒粉适量

做法：

❶ 草菇洗净；西红柿洗净，切块；西蓝花洗净，切小朵备用。

❷ 奶油入锅，加入草菇、西红柿块、西蓝花炒匀后，续入鲜牛奶搅拌。

❸ 加入调味料，再翻炒2分钟左右即可。

滋 补 保 健 功 效

　　草菇具有抗氧化作用，能补充元气，修补细胞，保护皮肤，同时具有消除疲劳、补铁的功效，能预防贫血，并可使孕妇保持脸色红润、体力充沛。

滋 补 保 健 功 效

　　牛奶可促进人体合成胶原蛋白和弹性蛋白，具有美肤抗老的作用；西蓝花富含维生素C和类黄酮，能预防感染。

牛奶炖西蓝花

预防感染＋美肤抗老

材料：

西蓝花200克，脱脂高钙牛奶200毫升

调味料：

盐、水淀粉各1小匙，橄榄油3大匙

做法：

❶ 西蓝花去除根、茎、叶后，切块，洗净，以沸水煮熟后捞出。

❷ 将2大匙橄榄油放入锅中，再依序放入脱脂高钙牛奶、盐、西蓝花块一起煮沸。

❸ 以水淀粉勾芡，最后加入1大匙橄榄油拌匀即可。

冬瓜炒牡蛎

增加饱腹感 + 健脑益智

材料：
冬瓜200克，牡蛎肉80克，姜丝30克，水120毫升

调味料：
低盐酱油2小匙，白糖1/2小匙，盐1/4小匙

做法：
① 牡蛎肉用盐水泡洗，再用流水洗净沥干。
② 冬瓜洗净去皮，去瓤，切块备用。
③ 炒锅加水，加入冬瓜块煮至八分熟。
④ 加入牡蛎肉、姜丝和所有调味料煮熟即可。

滋 补 保 健 功 效

　　冬瓜热量低，能增加饱腹感，有助于孕妇控制体重。牡蛎富含磷脂类和EPA、DHA等营养成分，有利于胎儿大脑发育，且可预防血管病变。

滋 补 保 健 功 效

　　冬瓜具有生津止渴、清胃降火的功效，能改善孕期水肿问题，且为低钠、低热量的食材；所含膳食纤维也有助于通便整肠。

姜丝炒冬瓜

通便整肠 + 改善水肿

材料：
冬瓜300克，高汤60毫升，姜丝、虾米各10克

调味料：
橄榄油 1 大匙，盐 1/4 小匙，香油、胡椒粉各少许

做法：
① 冬瓜去皮、去籽，洗净切块后入水氽烫约5分钟，捞出沥干备用。
② 橄榄油入锅烧热，爆香姜丝、虾米，放入冬瓜块拌炒，倒入高汤、除橄榄油外的所有调味料拌匀，烧煮至冬瓜块入味即可。

蒜末豇豆

造血补血＋强化骨骼

材料：

豇豆200克，大蒜10克，牛肉50克

调味料：

酱油2小匙，胡椒粉1/6小匙，米酒、橄榄油各1小匙

做法：

❶ 所有材料洗净。豇豆切小段；大蒜去皮，切末；牛肉切碎备用。

❷ 橄榄油入锅烧热，爆香大蒜末、牛肉碎。

❸ 加入除橄榄油外的所有调味料略炒，放入豇豆段及少量水煮熟即可。

滋补保健功效

豇豆含有丰富的膳食纤维、叶酸、钙、铁、维生素C等营养成分，不仅可促进牙齿、骨骼发育，还有补血、造血的功效。

莲藕炒四季豆

润肺＋清热解渴

滋补保健功效

莲藕有清热、解渴、润肺的功效，所含黏液蛋白可促进人体对蛋白质的吸收，减轻胃肠负担，且铁含量丰富，可补血。

材料：

莲藕150克，红辣椒1/2个，四季豆75克，高汤1/2杯

调味料：

盐1小匙，橄榄油2小匙

做法：

❶ 莲藕洗净，去皮切片；四季豆去老筋，洗净切段；红辣椒洗净切丝。

❷ 橄榄油入锅烧热，加入莲藕片、红辣椒丝、高汤和盐，熬煮5分钟。

❸ 加入四季豆段，煮至汤汁收干即可。

豌豆炒蘑菇

抗菌消炎＋益气补血

材料：
豌豆100克，蘑菇80克，火腿丁20克，大蒜末、红辣椒片、姜丝、胡萝卜丝各5克，水260毫升

调味料：
盐1/4小匙，米酒1小匙，橄榄油1大匙

做法：
❶ 蘑菇洗净，切片；豌豆去筋洗净。
❷ 汤锅加水，水沸后放入蘑菇片煮约30秒，续入豌豆，水沸捞起。
❸ 橄榄油入锅烧热，爆香大蒜末、红辣椒片、姜丝、米酒后，放入胡萝卜丝、豌豆、蘑菇片、火腿丁略炒，加盐调味即可。

滋补保健功效
　　豌豆可以抗菌消炎；蘑菇含铁丰富，具有益气补血的功效。此道菜肴营养丰富，并能促进孕妇的新陈代谢。

红茄杏鲍菇

增强体质＋增强抵抗力

材料：
西红柿2个，杏鲍菇2根，水100毫升，大蒜片、葱段各5克

调味料：
盐1/4小匙，橄榄油1大匙

做法：
❶ 西红柿、杏鲍菇洗净，切块备用。
❷ 橄榄油入锅烧热，爆香大蒜片、葱段，放入西红柿块和水烹煮，再加入杏鲍菇块翻炒至熟软，加盐调味即可。

滋补保健功效
　　西红柿含有易被人体吸收的果糖、葡萄糖、多种矿物质和维生素，杏鲍菇富含多糖，可增强抵抗力。此道菜能增强孕妇体质。

鲜菇蒸蛋

稳定血糖 + 保健胃肠

材料：
蘑菇300克，芹菜叶10克，鸡蛋3个，水420毫升

调味料：
盐1/4小匙，米酒2小匙

做法：
❶ 蘑菇洗净切块，放入碗内备用。

❷ 鸡蛋打散，加调味料和水拌匀，滤去泡沫。

❸ 将蛋汁倒入装有蘑菇的碗中，入蒸锅以中火蒸3分钟，转小火再蒸10分钟，最后加入洗净的芹菜叶即可。

滋 补 保 健 功 效

　　蘑菇有"维生素A宝库"之称，且是维生素D的重要来源之一，具有稳定血糖、增强免疫力、保健胃肠、抗癌等功效。

鲜菇烩上海青

促进胎儿发育 + 强壮骨骼

材料：
上海青250克，葱段适量，盐水100毫升，高汤300毫升，新鲜香菇10朵

调味料：
盐1/4小匙，橄榄油1大匙

做法：
❶ 香菇泡盐水10分钟后，洗净去蒂；上海青洗净，入水烫熟后捞起。

❷ 橄榄油入锅烧热，爆香葱段后放入香菇，加盐拌炒，再倒入高汤同煮，至汤汁略收，淋在上海青上即可。

滋 补 保 健 功 效

　　上海青含有丰富的维生素C、钙和叶酸，有助于胎儿发育，且有助于维持胎儿牙齿、骨骼强壮；所含维生素A对保护眼睛有较好的作用。

蒜香红薯叶

预防便秘＋保护视力

材料：

红薯叶300克，大蒜3瓣

调味料：

Ⓐ 酱油膏、水各1大匙，白糖1小匙

Ⓑ 橄榄油1大匙

做法：

❶ 将红薯叶挑掉粗茎后洗净，放入沸水中汆烫
至熟，捞起装盘备用。

❷ 大蒜去皮，切末备用。

❸ 调味料Ⓑ入锅烧热，以小火炒香大蒜末，再
加入调味料Ⓐ煮沸即可熄火。

❹ 将步骤❸的调味汁淋在红薯叶上，食用前拌
匀即可。

滋补保健功效

红薯叶富含膳食纤维，热量
低，可预防便秘；丰富的维生素A可
维持皮肤、呼吸道及消化道等部位
的上皮组织健康，并保护视力。

清烫红薯叶

抗氧化＋保肝解毒

材料：

红薯叶50克

调味料：

香油、酱油各 1 小匙，白醋 2 小匙

做法：

❶ 红薯叶择洗干净，放入沸水中汆烫捞出。

❷ 将所有调味料拌匀后，加入红薯叶搅拌均匀
即可。

滋补保健功效

红薯叶含有大量膳食纤维，
可增加饱腹感，且含多种抗氧化
物，并能保肝解毒。

奶油焗白菜

促进胃肠蠕动 + 保护细胞

材料：
大白菜300克，洋菇片20克，奶酪丝100克，高汤500毫升，奶油1大匙

调味料：
盐1/4小匙

做法：
1. 大白菜洗净切大片，放入煮沸的高汤中，以中小火烫煮变软，捞出沥干，再放入焗烤盘备用。
2. 将奶油、盐、洋菇片加入大白菜盘中拌匀，撒上奶酪丝，移入预热好的烤箱中，以上火或下火200℃烘烤至表面呈金黄色即可。

滋补保健功效

　　大白菜膳食纤维含量丰富，可促进胃肠蠕动；含有丰富的维生素A、维生素C，可保护细胞，维持细胞内部结构完整，对胎儿正常生长发育具有重要作用。

枸杞子炒小白菜

调节血压 + 改善便秘

材料：
小白菜300克，姜丝30克，枸杞子20克

调味料：
盐、米酒各1/2小匙，香油1小匙，橄榄油适量

做法：
1. 小白菜洗净，切段备用。
2. 橄榄油入锅烧热，先爆香姜丝，再将所有调味料加入炒匀。
3. 加入枸杞子、小白菜段拌炒至熟即可。

滋补保健功效

　　小白菜含有丰富的水分和钾，前者可湿润肠道，并促进肠道蠕动，适合有便秘困扰的孕妇食用；后者可调节血压。

西红柿奶酪沙拉

强化骨骼＋促进胎儿发育

材料：
西红柿2个，罗勒叶、玉米粒、奶酪各50克，
葱1根，蓝莓适量

调味料：
橄榄油、白醋各2小匙，白糖1小匙，黑胡椒粉
1/6小匙

做法：
① 西红柿、罗勒叶、玉米粒、葱、蓝莓洗净，
   罗勒叶、奶酪、葱均切末，西红柿切片。
② 将玉米粒、西红柿片、蓝莓摆入盘中，再撒
   上罗勒叶末、奶酪末和葱末。
③ 将调味料混匀后，淋在西红柿片上即可。

滋 补 保 健 功 效
　　奶酪含有蛋白质、钙、B族维
生素等多种营养成分，是促进胎
儿骨骼、牙齿生长的优质食材，
且有助于胎儿神经系统发育。

红茄绿菠拌鸡丝

清热解毒＋养血滋阴

材料：
西红柿2个，菠菜100克，鸡胸肉250克，姜
丝、黑芝麻各适量

调味料：
盐、酱油、白糖、香油各适量

做法：
① 菠菜洗净切段；西红柿洗净，去皮去籽，切
   薄片。
② 汤锅加水煮沸，将菠菜段、鸡胸肉依序烫熟
   捞出，将鸡胸肉撕成细丝备用。
③ 在碗中放入鸡胸肉丝、菠菜段、西红柿片、
   姜丝，加入所有调味料拌匀，撒上黑芝麻
   即可。

滋 补 保 健 功 效
　　菠菜可补血、助消化，鸡胸
肉可活血、健胃，西红柿具有清
热解毒、抑制细胞病变的功效。
孕妇食用这道菜，可养血滋阴，
维持好气色。

金瓜胡萝卜泥

保护眼睛+促进消化

材料：

南瓜200克，胡萝卜30克，土豆250克

调味料：

盐少许

做法：

❶ 南瓜、胡萝卜、土豆均洗净，去皮，切块备用。

❷ 将南瓜块、胡萝卜块、土豆块放入蒸锅，待变软即可取出。

❸ 将南瓜块、胡萝卜块、土豆块搅碎成泥，加盐拌匀即可。

滋补保健功效

　　南瓜富含维生素A、B族维生素，不仅对眼睛有良好的保健功效，也有益于皮肤保养，还能促进消化，使排便顺畅。

芝麻拌海带芽

改善便秘+修复组织

材料：

海带结150克，芝麻10克，大蒜末5克，红辣椒1个

调味料：

白糖1小匙，香油少许，盐适量

做法：

❶ 海带结洗净；红辣椒洗净，切末备用。

❷ 汤锅加水煮沸，放入海带结氽烫后沥干。

❸ 将海带结、芝麻、红辣椒末、大蒜末及调味料搅拌均匀即可。

滋补保健功效

　　海带含有钙、铁、碘等人体所需的矿物质，且富含可溶性膳食纤维，能帮助孕妇排便顺畅，改善便秘问题，并具有修复及促进身体组织再生的功效。

养生汤品

蘑菇燕麦浓汤

提高免疫力＋护肝健胃

材料：

蘑菇片40克，胡萝卜丁10克，燕麦片15克，牛奶100毫升，水150毫升，奶油1/4小匙，罗勒末适量

调味料：

盐1/4小匙

做法：

1. 奶油放入锅中煮化，加入牛奶及水煮成汤底，并加盐调味。
2. 将蘑菇片、胡萝卜丁烫熟沥干，备用。
3. 把蘑菇片、胡萝卜丁、燕麦片加入汤底中，拌匀煮熟，撒上罗勒末即可。

滋补保健功效

蘑菇含有丰富的维生素C，能提高免疫力，还具有解毒、促进伤口愈合、护肝健胃的作用。此汤品可提高孕妇抵抗力，增强孕妇体质。

滋补保健功效

豆腐含有丰富的蛋白质、维生素B$_1$、维生素B$_2$，易被人体吸收，且有增强抵抗力的作用。孕妇在妊娠第三期多食用豆腐，对身体有很好的补益作用。

紫菜豆腐羹

增强抵抗力

材料：

嫩豆腐1块，紫菜50克，葱花10克，高汤500毫升

调味料：

盐1/4小匙，水淀粉1小匙，香油少许

做法：

1. 嫩豆腐切小块；紫菜泡水后沥干，切丝，一起放入沸水中氽烫后捞起。
2. 汤锅加入高汤煮沸，放入豆腐块、紫菜丝，加盐调味。
3. 加入水淀粉勾薄芡，撒入葱花，淋上香油即可。

红豆白菜汤

利尿消肿

材料：
红豆50克，大白菜片150克，水适量

调味料：
盐1/4小匙

做法：
1. 红豆洗净，用水浸泡一晚。
2. 取汤锅加适量水煮沸后，放入洗净的大白菜片及红豆熬煮熟烂。
3. 加盐调味即可。

滋补保健功效

　　大白菜性凉，可排出人体内多余的水分。红豆具有利尿、消肿的作用，可改善怀孕后期孕妇下肢水肿的情况。

玉米浓汤

防止皮肤病变＋增强脑力

材料：
玉米酱30克，洋葱丝10克，玉米粒、火腿各15克，土豆50克，高汤300毫升，奶油1大匙

调味料：
盐1/4小匙，黑胡椒粉适量

做法：
1. 火腿切丁；土豆洗净去皮，煮软后切块，与高汤一起加入果汁机中打成泥。
2. 热锅加入奶油，待奶油熔化后，放入土豆泥拌匀成浓汤。
3. 续入洋葱丝、火腿丁、玉米酱、玉米粒煮沸，加入调味料拌匀即可。

滋补保健功效

　　玉米中的维生素E可防止皮肤病变，还具有刺激大脑细胞、增强脑力的功效，对于膳食上宜荤素搭配的孕妇来说，是一种很好的食材。

奶酪蔬菜鸡肉浓汤

强化骨骼 + 健胃整肠

材料：
西蓝花、洋葱、土豆、胡萝卜、鸡胸肉各50克，水1000毫升，鲜牛奶100毫升，奶酪180克，奶油3大匙

调味料：
盐1/4小匙，黑胡椒粉适量

做法：

❶ 西蓝花洗净去梗，切小块；洋葱去皮，切丁；土豆、胡萝卜洗净去皮，切丁；鸡胸肉切丁；奶酪切小块。

❷ 热锅用奶油将洋葱丁炒软，放入土豆丁、胡萝卜丁炒匀，加水煮15分钟。

❸ 接着放入鸡胸肉丁、鲜牛奶、西蓝花、奶酪块煮10分钟，加盐、黑胡椒粉调味即可。

滋补保健功效

奶酪所含的乳酸菌有助于健胃整肠；所含丰富的钙有助于强化胎儿牙齿及骨骼的发育，并能提供孕妇所需的营养。

滋补保健功效

猪肉营养丰富，含有蛋白质、钙、磷、铁、维生素B_1和锌等营养成分，具有补肾气、健体魄，以及滋润皮肤的作用。

莲藕雪菜汤

滋润皮肤 + 补肾健体

材料：
莲藕150克，排骨50克，雪里蕻30克，葱1根，姜3克，水适量

调味料：
橄榄油1大匙，盐、绍兴酒各1/4小匙

做法：

❶ 将除水外的材料洗净。莲藕去皮，切大块；雪里蕻切小丁；排骨切块；葱切葱花；姜切末。

❷ 橄榄油入锅烧热，爆香姜末，加入盐、绍兴酒、莲藕块，续炒到莲藕熟透。

❸ 加水至步骤❷的锅中，放入雪里蕻丁、排骨块，水煮沸后撒上葱花即可。

红豆排骨汤

消除水肿＋补充营养

材料：
排骨100克，红豆40克，陈皮2小块，水4杯

调味料：
盐1/4小匙

做法：

① 排骨洗净，氽烫后捞出沥干；陈皮泡软；红豆洗净，泡水4小时。

② 将所有材料放入锅中，以大火煮沸后转小火，再炖煮1小时。

③ 加盐调味即可。

滋 补 保 健 功 效

　　红豆含有蛋白质、多种维生素与矿物质，具有利尿的功效；排骨脂肪含量低，富含钙、铁等营养成分。此道汤品能消除孕妇水肿的症状。

滋 补 保 健 功 效

　　木耳具有润肤养血的功效；红枣有补脾胃、养心安神的作用；猪瘦肉富含蛋白质和维生素，可提供孕妇所需的营养成分。

红枣黑木耳瘦肉汤

润肤养血＋养心安神

材料：
干黑木耳10克，红枣6个，猪瘦肉100克，水4杯

调味料：
盐1/4小匙

做法：

① 猪瘦肉洗净，切片；干黑木耳浸软去蒂，洗净；红枣洗净，去核。

② 将全部材料放入锅中，煮沸后转小火再煮1小时。

③ 加盐调味即可。

金针菜猪肝汤

清肝利尿 + 稳定情绪

材料：
干金针菜30克，猪肝片150克，嫩姜3片，高汤2杯

调味料：
香油1/4小匙，盐1小匙，水淀粉2小匙

做法：
1. 干金针菜洗净，泡水15分钟，捞起，再用清水冲洗一次；嫩姜洗净，切丝；猪肝片洗净，汆烫后冷却备用。
2. 高汤倒入锅中，加盐、姜丝和金针菜煮沸，转小火续煮2分钟。
3. 放入猪肝片，煮沸后以水淀粉勾芡，淋上香油即可。

滋补保健功效
　　金针菜有清肝、利尿的作用；猪肝具有明目、补益气血的功效。此道汤品可帮助孕妇恢复体力、稳定情绪。

枸杞子银耳猪肝汤

补肝明目 + 增强体力

材料：
猪肝150克，枸杞子、银耳各10克，葱段、姜片、香菜、水各适量

调味料：
盐、酱油、米酒、淀粉各适量

做法：
1. 猪肝洗净切片，用酱油、淀粉腌渍入味；银耳洗净去蒂，掰小朵泡软备用。
2. 锅中加水煮沸后，放入银耳、猪肝片、枸杞子、葱段、姜片、米酒一起烧煮，煮至猪肝熟透，最后加盐调味，放上洗净的香菜即可。

滋补保健功效
　　常喝枸杞子银耳猪肝汤，有补肝明目、增强体力、舒缓眼睛疲劳的作用，还能预防夜盲、黑眼圈、视力减退等症状。

花生猪蹄汤

补充胶原蛋白＋滋润皮肤

材料：
花生仁150克，猪蹄300克，水1200毫升，葱段适量

调味料：
盐1/4小匙

做法：
❶ 花生仁洗净，去皮沥干；猪蹄洗净切块，汆烫捞起，备用。
❷ 将花生仁、猪蹄块、葱段入锅，加水，大火煮开后以盐调味，再转小火炖煮1小时即可。

滋补保健功效
　　猪蹄富含胶原蛋白和弹性蛋白，可补充胶原蛋白、滋润皮肤。此汤品亦有助于产后通乳及乳汁分泌。

海带炖牛肉

补气血＋健脾胃

材料：
海带120克，牛腱肉300克，莲子20克，姜3片，水600毫升

调味料：
盐1/4小匙

做法：
❶ 牛腱肉汆烫去血水，洗净切块；海带、莲子分别泡软，备用。
❷ 汤锅加水煮沸，放入牛腱肉块、姜片熬煮1小时，再加入海带、莲子煮20分钟，加盐调味即可。

滋补保健功效
　　海带的碘含量丰富，所含维生素B_{12}是主要的造血元素；牛肉富含蛋白质和微量元素，具有补气血、健脾胃的功效，是非常好的食补材料。

滋补药膳

灵芝猪肝汤

益心肺＋补肝肾

材料：
猪肝150克，灵芝10克，水适量

调味料：
盐适量

做法：
1. 灵芝洗净，用水浸泡；猪肝洗净，切片备用。
2. 锅中加水煮沸后，放入灵芝、猪肝片煮至再度沸腾，转小火煮至猪肝熟透。
3. 加盐调味，拌匀即可。

滋补保健功效

灵芝有清血、解毒、保肝、整肠的作用，猪肝可补肝明目、养血安神，两者搭配食用，具有益心肺、补肝肾的功效。

滋补保健功效

此道药膳有保护肝脏、降低血压和血脂、改善血液循环的功效。但因当归有活血的作用，孕妇应视体质谨慎食用。

当归猪肝羹

益肝降脂＋改善血液循环

材料：
猪肝100克，鸡蛋2个，当归10克，葱花、姜片、水各适量

调味料：
酱油、米酒、淀粉各适量，橄榄油1小匙

做法：
1. 猪肝洗净切片，加入酱油、淀粉腌渍入味；把当归、水放入锅中，熬煮成药汁；鸡蛋打散。
2. 橄榄油入锅烧热，放入猪肝片炒至变色后，加入葱花、姜片、米酒拌炒。
3. 在炒猪肝的锅内加水及药汁煮沸后，倒入蛋汁，再次煮沸即可。

当归枸杞子炖猪心

补气活血＋补肝益肾

材料：

猪心250克，大骨100克，当归5克，枸杞子2克，水500毫升，高汤200毫升，姜片适量

调味料：

盐1/4小匙，米酒1小匙

做法：

❶ 猪心洗净，切厚片；大骨洗净，剁成块；当归洗净，切片；枸杞子泡水洗净。

❷ 汤锅加水，待水沸放入猪心片、大骨块，中火煮净血水，捞出洗净。

❸ 在小炖盅中放入猪心片、大骨块、当归片、枸杞子、姜片，加入调味料、高汤，炖煮1.5小时即可。

滋 补 保 健 功 效

　　此炖品可补气活血、补肝益肾，所含维生素B$_1$、维生素B$_2$、维生素C等，有利于胎儿的生长发育。当归有活血作用，孕妇应视体质适当食用。

滋 补 保 健 功 效

　　杜仲、枸杞子均可滋补肝肾，与猪腰、当归一起食用，可发挥补益腰肾、滋润肝脏、强健筋骨、活血化瘀的功效。

当归杜仲炖腰花

补益腰肾＋强健筋骨

材料：

猪腰2个，杜仲15克，枸杞子5克，当归10克，水适量

调味料：

盐适量

做法：

❶ 杜仲、枸杞子、当归分别洗净。

❷ 将猪腰剖开、去除筋膜后，洗净并切块。

❸ 将所有材料放入汤锅，用大火煮沸后，转小火续煮1小时，最后加盐调味即可。

山药双菇汤

提高免疫力＋促进新陈代谢

材料：
山药250克，杏鲍菇150克，香菇4朵，干金针菜、老姜、当归、川芎、枸杞子各10克，莲子10颗，红枣10个，水1000毫升

调味料：
盐1/4小匙

做法：
❶ 将除水外的材料洗净，干金针菜去蒂，山药、杏鲍菇切块，老姜切片。
❷ 老姜片、莲子、当归、红枣、川芎、枸杞子加水煮沸，再转小火煮5分钟。
❸ 加入山药块、杏鲍菇块、香菇、干金针菜煮10分钟，加盐调味即可。

滋 补 保 健 功 效
　　山药含有9种人体不能自行合成的氨基酸，具有提高人体免疫力、促进胎儿发育等功效。此道汤品能加速新陈代谢、增强抵抗力。

滋 补 保 健 功 效
　　黄芪能促进血液循环，并能提供孕妇所需的营养成分；党参可补中益气、健脾养胃。此药膳适合胃肠功能不佳的孕妇食用。

参芪鲈鱼汤

补中益气＋健脾养胃

材料：
黄芪、党参各25克，红枣6个，鲈鱼块300克，姜丝10克，葱段5克，姜4片，高汤250毫升，水750毫升，香菜适量

调味料：
米酒1小匙，盐1/4小匙，香油2大匙

做法：
❶ 黄芪、党参、红枣洗净，加水以小火煮20分钟成参芪汤，备用。
❷ 香油热锅，加姜片爆香后取出姜片，放入鲈鱼块略煎。
❸ 加入参芪汤、高汤、米酒煮熟后，放入葱段、姜丝略煮，加盐调味，放入洗净的香菜即可。

桑寄生煨蛋

安胎养血＋增强免疫力

材料：
鸡蛋4个，桑寄生9克，水适量

调味料：
冰糖适量

做法：

❶ 鸡蛋洗净；桑寄生洗净沥干。

❷ 将桑寄生、鸡蛋与水放入陶锅中，以小火煮约30分钟，取出鸡蛋剥壳。

❸ 续煮约15分钟，放入剥壳鸡蛋，加冰糖焖煮5分钟即可。

滋 补 保 健 功 效

鸡蛋有益于神经系统和身体发育，可增强记忆力、保护肝脏；与桑寄生搭配，具有安胎养血、增强孕妇免疫力的功效。

滋 补 保 健 功 效

猪蹄富含胶原蛋白，可补充及促进人体合成胶原蛋白，能滋润皮肤，适合孕妇食用，并有助于产后通乳及乳汁分泌。

桑寄生猪蹄汤

通乳＋滋润皮肤

材料：
桑寄生50克，猪蹄300克，水适量

调味料：
盐适量

做法：

❶ 猪蹄去毛洗净，切块，余烫捞起后用冷水冲洗，备用。

❷ 桑寄生洗净，和猪蹄块放入锅中，加水，先以大火煮沸，再改用小火煲煮3小时，加盐调味即可。

点心甜品

核桃仁紫米粥

健脑益智＋提高记忆力

材料：
紫米150克，核桃仁40克，枸杞子20克，水800毫升

调味料：
冰糖1大匙

做法：
❶ 紫米洗净，加水浸泡一晚。
❷ 紫米加水以大火煮开，续转小火煮至熟烂，加入核桃仁、枸杞子煮约10分钟，再以冰糖调味即可。

滋 补 保 健 功 效

　　核桃仁能健脑、提高记忆力；紫米含有铁等多种微量元素，有补血功效，并富含多不饱和脂肪酸，有利于胎儿脑细胞发育。

滋 补 保 健 功 效

　　紫米含铁量远高于其他谷类，有助于孕妇改善气色；富含膳食纤维，能促进肠道蠕动，预防孕期便秘。搭配莲藕食用，可改善失眠等症状。

莲藕紫米粥

改善气色＋预防便秘

材料：
紫米100克，莲藕80克，水适量

调味料：
冰糖1大匙

做法：
❶ 紫米洗净，泡水3小时；莲藕洗净去皮，切小块。
❷ 汤锅加水煮沸，再放入紫米，煮至八分熟。
❸ 续入莲藕块煮熟，最后以冰糖调味即可。

甜薯芝麻露

抗氧化＋促进铁吸收

材料：
红薯350克，黑芝麻粉10克，黄豆粉20克，冷开水120毫升，薄荷叶适量

调味料：
黑糖1大匙

做法：
1. 红薯洗净，去皮，蒸熟后压成泥，团成大小适中的丸子。
2. 将黑芝麻粉、黄豆粉放入果汁机中，加入冷开水及黑糖，打至材料细碎成汁后装碗，放入红薯丸子，放入洗净的薄荷叶装饰即可。

滋 补 保 健 功 效

红薯富含维生素A、维生素C，有助于抗氧化；黑芝麻的维生素E含量丰富，与富含维生素C的食材搭配食用，可加强人体对铁的吸收，有助于增强胎儿的造血功能。

滋 补 保 健 功 效

山药含有糖蛋白，可以保护胃壁及增进食欲，还能加强胃肠消化功能。红薯中丰富的膳食纤维能润肠通便，改善孕妇便秘的症状。

红薯山药圆

保护胃壁＋润肠通便

材料：
山药泥、红薯泥各250克，熟薏苡仁、花豆各30克，熟绿豆20克

调味料：
糖水适量，淀粉130克，红薯粉240克

做法：
1. 取1/2的淀粉、1/2红薯粉和全部红薯泥，以烫面法揉成团，切小份，搓成长条，并切成一口大小，即成红薯圆。
2. 将山药泥用步骤①的方式做成山药圆。
3. 将红薯圆、山药圆煮熟，加入糖水及其他材料略煮即可。

芝麻莲香饮

补气益血 + 滋补养生

材料：
莲子、枸杞子、黑芝麻、核桃仁各30克，水适量

调味料：
蜂蜜适量

做法：

❶ 将除水以外的所有材料洗净晾干，捣碎备用。

❷ 将所有粉末食材加水，放入砂锅煮沸，再以小火煨煮约20分钟。

❸ 加入蜂蜜拌匀，食用时以适量温开水稀释成汁即可，可放上核桃仁和枸杞子装饰。

滋补保健功效

莲子可补气益血，黑芝麻可滋补、通便、解毒，枸杞子可补肾滋阴、养肝明目，核桃仁具有补气养血、滋补养生的作用。

竹荪莲子汤

安神安胎 + 健脾益气

材料：
竹荪20克，莲子160克，红枣6个，水500毫升

调味料：
冰糖1大匙

做法：

❶ 竹荪泡水约1小时，再以热水汆烫、洗净；莲子、红枣洗净备用。

❷ 汤锅加入所有材料煮开，加冰糖调味即可。

滋补保健功效

竹荪可健脾益气；红枣可安神补血，经常食用有助于提高免疫力；莲子能调节胃肠、安神安胎，适合孕妇食用。

木瓜银耳甜汤

平衡酸碱 + 提高免疫力

材料：
木瓜600克，银耳3朵，水2000毫升

调味料：
冰糖1大匙

做法：
1. 木瓜去皮去籽，切小块；银耳用热水泡软，备用。
2. 汤锅放入所有材料，以中小火煮1.5小时，加冰糖调味即可。

滋补保健功效

木瓜含有胡萝卜素、维生素A、B族维生素、维生素C、钙、钾、铁、抗氧化物、木瓜酶等营养成分，可平衡人体酸碱度，预防便秘，提高免疫力。

滋补保健功效

中医认为，红豆能治湿痹、利胃肠、消水肿，搭配枸杞子制成甜品，对改善气色、解毒抗癌有助益。

枸杞子红豆汤圆

改善气色 + 解毒抗癌

材料：
枸杞子汁20毫升，水适量，红豆60克，糯米粉150克

调味料：
白糖1/2小匙

做法：
1. 将糯米粉和白糖拌匀。
2. 枸杞子汁和水一起加热，煮沸后倒入糯米白糖粉，揉成团，并分成小块再揉成汤圆。
3. 红豆浸泡后加水煮成红豆汤，加入汤圆煮熟即可。

焗烤香蕉奶酪卷

改善便秘 + 促进新陈代谢

材料：
水饺皮6张，香蕉2根，鸡蛋1个，奶酪2片

调味料：
柠檬汁2大匙，橄榄油1大匙

做法：

① 奶酪撕小片；香蕉去皮切丁，淋上柠檬汁；鸡蛋打散成蛋汁。

② 将香蕉丁和奶酪片包入水饺皮中，卷起扭转成糖果形状，并在表面涂上薄薄的一层蛋汁和橄榄油。

③ 烤盘涂抹橄榄油，排上香蕉奶酪卷，以180℃烤20分钟即可。

滋 补 保 健 功 效

　　奶酪富含钙，可促进血液循环和新陈代谢；香蕉含有丰富的钾，可排出体内多余水分，改善便秘。

蜜糖黑豆

促进胃肠蠕动 + 控制血压

材料：
黑豆1/2杯，热开水600毫升

调味料：
白糖8大匙，黑糖2大匙，酱油1大匙

做法：

① 将所有调味料及热开水混合搅拌，使糖溶化，再放入洗净的黑豆浸泡一晚。

② 将步骤①的材料用大火煮至沸腾后，转成小火，并盖上打洞的铝箔纸，炖煮至黑豆熟软。

③ 将黑豆捞出放凉待用；煮黑豆的汁放凉后，置于冰箱冷藏一夜。

④ 将黑豆拌入煮黑豆的汁，盛盘即可。

滋 补 保 健 功 效

　　黑豆热量低，不含胆固醇，含有大量蛋白质、不饱和脂肪酸、有机酸、膳食纤维等，具有控制血压的作用，且可促进胃肠蠕动。

香橙布丁

滋润脾胃＋预防便秘

材料：
柳橙汁390毫升，鲜牛奶50毫升，明胶片2片，柳橙果粒50克，水、柳橙片、薄荷叶各适量

调味料：
白糖3大匙

做法：
❶ 明胶片用水泡软，并挤干水分。

❷ 将柳橙汁、柳橙果粒、白糖、鲜牛奶倒入锅中煮沸，加入明胶片搅拌至溶解。

❸ 待降温之后，分装入玻璃容器，放入冰箱冷藏至凝固即可，可放上柳橙片和薄荷叶装饰。

滋 补 保 健 功 效
柳橙能滋润脾胃，清除胆固醇、脂肪；富含膳食纤维，可预防便秘；富含维生素C，具有增强抵抗力、预防感冒的作用。

滋 补 保 健 功 效
蜜李富含天然的抗氧化物，能降低自由基对细胞的损害，保护脑细胞，并可促进铁吸收，增加胆固醇代谢。

蜜李蒸布丁

保护细胞＋促进铁吸收

材料：
蜜李、鸡蛋各2个，水1/4杯，鲜牛奶1杯

调味料：
白糖1大匙

做法：
❶ 水和白糖放入锅中，以小火煮至白糖溶化，熄火；加鲜牛奶混匀后，放入打散的蛋汁拌匀。

❷ 蜜李洗净，切小丁后放入模具，再倒入步骤❶的材料，移入电饭锅中蒸15分钟至熟即可。

养生饮品

菠萝葡萄蜜茶

改善气色＋抗氧化

材料：
菠萝60克，葡萄25克，热开水适量

调味料：
蜂蜜1大匙

做法：
❶ 菠萝去皮，切块；葡萄去皮，去籽。
❷ 将葡萄与菠萝块放入杯中，以热开水冲泡约5分钟，加入蜂蜜调匀即可。

滋 补 保 健 功 效
　　菠萝含有可促进蛋白质分解的菠萝酶，以及丰富的膳食纤维，能加速排出肠道代谢产物；葡萄可抗氧化、改善气色、润泽皮肤。

滋 补 保 健 功 效
　　柚子中的维生素C能消除脂肪、防止胆固醇堆积，有效预防心血管疾病；其富含膳食纤维，可助消化，使排便更顺畅。

柚香蜂蜜绿茶

消除脂肪＋助消化

材料：
柚子1/2个，绿茶3克，热开水适量

调味料：
蜂蜜适量

做法：
❶ 柚子一半去皮去籽切块，另一半榨成汁。
❷ 将柚子汁和柚子果肉放入杯中，加入绿茶以热开水冲泡，滤渣取汁，加入蜂蜜调匀即可。

黄芪枸杞子茶

滋补强身 + 增强免疫力

材料：

红枣5个，枸杞子10克，黄芪5片，热开水500毫升

做法：

❶ 将红枣、枸杞子、黄芪片洗净，放入杯中。

❷ 加入热开水，闷约 2 分钟即可。

滋 补 保 健 功 效

此道茶饮有增强免疫力和滋补强身的作用，搭配红枣、枸杞子，还可促进孕妇血液循环，增强机体免疫力。

阿胶鲜梨茶

缓解疲劳 + 润肺清胃

材料：

水梨半个，阿胶、川贝母粉各23克，水适量

调味料：

蜂蜜适量

做法：

❶ 水梨洗净，去核切片。

❷ 将水梨片连同阿胶、川贝母粉和水，放入蒸锅蒸5分钟，食用时酌量添加蜂蜜即可。

滋 补 保 健 功 效

阿胶具有缓解疲劳、增强免疫力的功效，可预防各种疾病；水梨具有润肺清胃、凉心涤热、止烦渴的作用。

决明红枣茶

明目益睛 + 润肠通便

材料：

决明子、枸杞子各10克，红枣5个，热开水300毫升

做法：

1. 枸杞子、红枣、决明子略微冲洗，沥干备用。
2. 将决明子、枸杞子、红枣放入茶壶中，以热开水冲泡即可。

滋补保健功效

决明子有润肠通便、明目益睛之效；枸杞子含玉米黄素、类胡萝卜素，有明目、补气、益肝肾的作用，并可促进体内新陈代谢。

补血苹果醋

预防贫血 + 抗氧化

材料：

苹果300克

调味料：

冰糖75克

做法：

1. 苹果洗净，晾干或用干净的布擦干。
2. 苹果去核切片，以一层苹果、一层冰糖的方式，放入干净的玻璃罐。
3. 待冰糖溶化，把析出的汁液分离出来即可。

滋补保健功效

苹果富含维生素C，维生素C具有抗氧化作用，还能促进铁的吸收，可促进血红蛋白的合成，预防贫血。

蔓越莓蔬果汁

提高孕妇免疫力 + 保护泌尿系统

材料：
蔓越莓果汁2杯，圆白菜200克，冰块1杯

做法：
1 剥开圆白菜的叶片，洗干净，再撕成小片。
2 将蔓越莓果汁、圆白菜叶片、冰块放入果汁机中，搅打均匀即可。

滋 补 保 健 功 效

　　圆白菜中的维生素C可提高孕妇免疫力，搭配可调节泌尿系统内环境、抑制细菌生长的蔓越莓，可给孕妇更全面的保护。

养身蔬果汁

清热解毒 + 保肝利尿

材料：
圣女果、西芹各50克，菠萝100克，苹果20克，柠檬1/2个，冷开水适量

调味料：
蜂蜜1小匙

做法：
1 圣女果洗净；西芹洗净，切段；菠萝、柠檬去皮切块；苹果洗净，去皮去核，切块。
2 将圣女果、西芹段、菠萝块、苹果块、柠檬块放入果汁机，加入冷开水打匀。
3 续入蜂蜜调味，拌匀即可。

滋 补 保 健 功 效

　　圣女果、柠檬可清热解毒、保肝利尿，搭配有降血压、促进新陈代谢作用的西芹，有助于清除积存于肝脏内的代谢产物。